油料作物规模化生产技术指南

全国农业技术推广服务中心 编著

U0335994

中国农业出版社

编 写 人 员

主　　编　汤　松

副主编　刘　芳

编写人员　（按姓氏笔画排序）

王光明　　王积军　　曲奕威　　乔金友　　刘　磊

孙明珠　　杨　微　　杨满红　　李卫红　　李海涛

吴存祥　　吴早贵　　吴崇友　　何智彪　　张会娟

张红艳　　张海洋　　陈　震　　陈其鲜　　陈爱武

陈海涛　　金　梅　　周广生　　胡志超　　段志红

禹山林　　姜玉忠　　贾利欣　　原显冬　　顾峰玮

党占海　　高学梅　　董秀英　　蒋　向　　韩　鹏

韩天富　　舒彩霞　　曾英松　　蔡俊松　　廖庆喜

廖宜涛　　融晓萍

前　言

　　"十二五"期间，我国食用植物油自给率不断下降，已低于安全警戒线。造成自给率下降的主要原因是我国油料种植规模小、机械化程度低，导致我国油料作物生产成本高、比较效益低。因此，要确保我国油料作物生产稳定发展，必须加大科技创新和农机研发与示范推广力度，不断提高油料作物规模化生产水平，降低生产成本，通过节本与增效两个方面来提高油料作物的综合种植效益。

　　近几年来，随着土地流转规模不断扩大，种植大户和农民专业合作社等新型农业生产经营主体不断发展壮大。据统计，截至2014年年底，我国登记的农民专业合作社已达到128.88万家，入社农户超过8 000万，带动农户达到全国农户的1/3，为规模化种植、机械化生产创造了良好的条件。另外，在公益性行业专项和国家产业技术体系项目的大力支持下，全国油料科研、教学单位研发了一批油料作物新品种、新技术、新机械，为节本增效技术的推广应用提供了强有力的支撑。

　　为加快这些科研成果的转化速度，提高油料作物的种植效益，更好地为油料新型生产经营主体服务，全国农业技术推广服务中心组织有关专家，编写了《油料作物规模化生产技术指南》。本书以作物为主线，大豆、油菜、花生、向日葵、芝麻、胡麻和蓖麻七个草本油料作物独立成章，分章介绍了高产栽培技术、防灾减灾技术和配套机械内容，便于读者查阅。

在本书编写过程中，得到了全国相关油料作物专家和各省农技推广部门的大力支持，在此一并表示衷心感谢！

由于时间紧，编者水平有限，错误在所难免，敬请读者批评指正。

编　者

2016 年 1 月

目　　录

第一篇 大 豆

第一章 大豆高产栽培技术

第一节 大豆"深窄密"栽培技术

一、技术概述

大豆"深窄密"栽培技术是平作栽培技术，以矮秆品种为突破口，以气吸式播种机与通用机为载体，结合"深"即深松与分层施肥、"窄"即窄行、"密"即增加密度。大豆"深窄密"栽培技术比70厘米的宽行距增产20%以上，常年亩*产量稳定保持在200千克以上。

二、技术要点

1. 土地准备 选用地势平坦、土质疏松、地面洁净、较肥沃的地块，要求地表秸秆少且长度在3～5厘米。前茬的处理以深松或浅翻深松为主。土壤耕层要达到深、暄、平、碎。秋整地要达到播种状态。

2. 品种选择与种子处理 选择秆强、抗倒伏的矮秆或半矮秆品种。由于机械精播对种子要求严格，所以种子在播种前要进行机械精选。种子质量标准：纯度大于99%，净度大于98%，发芽率

---

* 亩为非法定计量单位，1亩≈667米²。

大于 95％，水分小于 13.5％，粒型均匀一致。精选后的种子要进行包衣。

3. 播种期 以当地日平均气温稳定通过 5℃的日期作为始播期。在播种适期内，要根据品种类型、土壤墒情等条件确定具体播期。如中晚熟品种应适当早播，以便保证在霜前成熟；早熟品种应适当晚播，以便使其发棵壮苗，提高产量。土壤墒情较差的地块，应当抢墒早播，播后及时镇压；土壤墒情好的地块，应选定最佳播种期。播种时间是根据大豆种植的地理位置、气候条件、栽培制度及大豆生态类型确定的。就全国来说，春大豆播期为 4 月 25 日至 5 月 15 日。

4. 播种方法 "深窄密"栽培采取平播的方法，双条精量点播，行距平均为 15～17.5 厘米，株距为 11 厘米，播深 3～5 厘米。以大机械一次完成作业为好。

5. 调试播种机械，保证播种标准 在播种前要进行播种机的调试，播种机与拖拉机悬挂连接好后，要求机具的前后、左右调整水平，要与拖拉机对中。气吸式播种机风机的转速应调整到以播种盘能吸住种子为准，风机皮带的松紧度要适中，过紧对风机轴及轴承影响较大，易于损坏；过松转速下降，产生空穴。精量播种机通过更换中间传动轴或地轮上的链轮实现播种量的调整，并通过改变外槽轮的工作长度来实现施肥量的调整，调整时松开排肥轴端头传动套的顶丝，转动排肥轴，增加或减少外槽轮的工作长度来实现排肥量的调整。要求种子量和施肥量流量一致，播量准确。施肥深度通过对施肥铲的调整来实现，松开施肥铲的顶丝，上下串动，深施肥在 10～12 厘米，浅施肥在 5～7 厘米。行距的调整，松开长孔调整板上的螺栓，使行距调整到要实施的行距，锁紧即可。播种时要求播量准确，正负误差不超过 1％，百米偏差不超过 5 厘米，播种到头、到边。

6. 种植密度 目前黑龙江大豆品种的亩播种密度在 3 万～3.33 万株。各方面条件优越，肥力水平高的，密度要降低 10％；整地质量差、肥力水平低的，密度要增加 10％。内蒙古赤峰市、通辽市、呼伦贝尔市、兴安盟和吉林东部地区可参照这个密度，吉林其他地区和辽宁亩播种密度可在 2.67 万～3 万株。

7. 施肥　进行土壤养分的测定，按照测定的结果，动态调剂施肥比例。在没有进行平衡施肥的地块，经验施肥的一般氮、磷、钾可按 1∶1.15～1.5∶0.5～0.8 的比例，分层深施于种下 5 厘米和 12 厘米。肥料商品量每亩尿素 3.33 千克、磷酸二铵 10 千克、钾肥 6.67 千克。氮、磷肥充足的条件下应注意增加钾肥的用量。叶面肥一般喷施 2 次，第一次在大豆初花期，第二次在盛花期或结荚初期，可用尿素加磷酸二氢钾喷施，一般每亩用尿素 0.33～0.67 千克加磷酸二氢钾 0.17～0.3 千克。采用飞机航化作业效果最理想。

8. 化学除草　化学灭草应采取秋季土壤处理、播前土壤处理和播后苗前土壤处理，化学除草剂的选用原则是：

（1）把安全性放在首位，选择安全性好的除草剂及混配配方。

（2）根据杂草种类选择除草剂和合适的混用配方。

（3）根据土壤质地、有机质含量、pH 和自然条件选择除草剂。

（4）选择除草剂还必须选择好的喷洒机械，配合好的施药技术。

（5）要采用两种以上的混合除草剂，同一地块不同年份间除草剂的配方要有所改变。

9. 化学调控　大豆植株生长过旺，要在分枝期选用多效唑、三碘苯甲酸等化控剂进行调控，控制大豆徒长，防止后期倒伏。

10. 收获　大豆叶片全部脱落、茎干草枯、籽粒归圆呈本品种色泽、含水量低于 18% 时，用带有挠性割台的联合收获机进行机械直收。收获的标准要求割茬不留底荚，不丢枝，田间损失小于 3%，收割综合损失小于 1.5%，破碎率小于 3%，泥花脸小于 5%。

三、注意事项

（1）一定要有深松基础。

（2）一定要选择秆强、抗倒伏的品种。

（3）可根据本地实际情况，因地制宜，采取不同行距，一般为15～20厘米。

（4）杂草较多的地块，不宜采用此项技术。

（5）在不同土壤条件下密度有所不同，应根据具体情况而定，亩收获株数掌握在2.67万～3万株。

四、适宜区域

适宜地势平坦、土壤条件较好、生产水平较高、机械化程度高的区域。

第二节 大豆机械化"大垄密"栽培技术

一、技术概述

"大垄密"是在"深窄密"的基础上，为了解决雨水多、土壤库容小、不能存放多余的水等问题，逐步发展起来的一项垄平结合、宽窄结合、旱涝综防的大豆栽培模式。"大垄密"技术比70厘米的宽行距增产20％以上，常年大豆亩产量能稳定保持在200千克以上。

二、技术要点

1. 土地准备 选用地势平坦、土质疏松、地面干净、较肥沃的地块，要求地表秸秆长度在3～5厘米，整地要做到耕层土壤细碎、平坦。提倡深松起垄，垄向要直，垄宽一致。要努力做到伏秋精细整地，有条件的也可以秋施化肥，在上冻前7～10天深施化肥。要大力推行以深松为主体的松、耙、旋、翻相结合的整地方法。无深翻深松基础的地块，可采用伏秋翻同时深松或旋耕同时深松，或耙茬深松。耕翻深度为18～20厘米、翻耙结合，无大土块和暗坷垃，耙茬深度为12～15厘米，深松深度在25厘米以上。有深翻深松基础的地块，可进行秋耙茬，耙深为12～15厘米。春整地的玉米茬要顶浆扣垄并镇压；有深翻深松基础的玉米茬，早春拿净茬子并耢平茬坑，或用灭茬机灭茬，达到待播状态。进行"大垄密"播种地块的整地要在伏秋整地后，秋起平头大垄，并及时镇压。

2. 品种选择与种子处理 选择秆强、抗倒伏的矮秆或半矮秆品种。由于机械精播对种子要求严格，所以种子在播种前要进行机械精选。种子质量标准：纯度大于 99%，净度大于 98%，发芽率大于 95%，水分小于 13.5%，粒型均匀一致。精选后的种子要进行包衣，要求包全、包匀。包衣好的种子应及时晾晒、装袋。

3. 播种期 以当地日平均气温稳定通过 5℃ 的日期作为始播期。在播种适期内，要因品种类型、土壤墒情等条件确定具体播期。如中晚熟品种应适当早播，以保证在霜前成熟；早熟品种应适当晚播，以便其发棵壮苗，提高产量。土壤墒情较差的地块，应当抢墒早播，播后及时镇压；土壤墒情好的地块，应选定最佳播种期。播种时间是根据大豆栽培的地理位置、气候条件、栽培制度及大豆生态类型确定的。就全国来说，春大豆播期为 4 月 25 日至 5 月 15 日。

4. 播种方法 "大垄密"播法即把 70 厘米或 65 厘米的大垄，二垄合一垄，成为 140 厘米或 130 厘米的大垄，一般在垄上实施 3 行的双条播，即 6 行。理想的是把中间的单条播，即垄上 5 行；或者 110 厘米的垄种 4 行。

5. 调试机具 在播种前要进行播种机的调整，播种机与拖拉机悬挂连接好后，机具的前后、左右要调整水平，要与拖拉机对中。气吸式播种机风机的转速应调整到以播种盘能吸住种子为准，风机皮带的松紧要适度，过紧对风机轴及轴承损坏较大；过松转速下降，产生空穴。精量播种机通过更换中间传动轴或地轮上的链轮实现播种量的调整，并通过改变外槽轮的工作长度来实现施肥量的调整，调整时松开排肥轴端头传动套的顶丝，转动排肥轴，增加或减少外槽轮的工作长度来实现排肥量的调整。要求种子量和施肥量流量一致，播量准确。施肥深度可通过施肥铲的调整来实现，松开施肥铲的顶丝，上下串动，深施肥在 10～12 厘米，浅施肥在 5～7 厘米。行距调整可松开长孔调整板上的螺栓，使行距调整到要实施的行距，锁紧即可。播种时要求播量准确，正负误差不超过 1%，百米偏差不超过 5 厘米，播种到头、到边。

6. 种植密度 目前黑龙江大豆品种的亩播种密度一般在 3 万～3.3 万株。土壤肥力水平高的，密度要降低 10%；整地质量差的，土壤肥力水平低的，密度要增加 10%。内蒙古赤峰市、通辽市、呼伦贝尔市、兴安盟和吉林东部地区可参照这个密度，吉林其他地区和辽宁亩播种密度可在 2.67 万～3 万株。

7. 施肥 一般氮、磷、钾可按 1∶1.15～1.5∶0.5～0.8 的比例施用。分层深施于种下 5 厘米和 12 厘米。肥料商品量每亩尿素 3.3 千克，磷酸二铵 10 千克，钾肥 6.67 千克。氮、磷肥充足的条件下应注意增加钾肥的用量。叶面肥一般喷施 2 次，第一次在大豆初花期，第二次在盛花期或结荚初期，可用尿素加磷酸二氢钾喷施，一般每亩用尿素 0.33～0.67 千克加磷酸二氢钾 0.17～0.3 千克。

8. 化学除草 秋季土壤处理采用混土施药法使用除草剂，秋施药可结合大豆秋施肥进行。秋施异恶草松（广灭灵）、咪草烟（普施特）、唑嘧磺草胺（阔草清）、二甲戊灵（施田补）等，喷后混入土壤中。播前土壤处理，使土壤形成 5～7 厘米药层，可选用丙炔氟草胺（速收）、乙草胺或异丙甲草胺（金都尔）混用；播后苗前土壤处理，主要控制一年生杂草，同时消灭已出土的杂草，可选用乙草胺、异丙甲草胺（金都尔）与异恶草松（广灭灵）、丙炔氟草胺（速收）等混用。喷液量每亩 10～13.3 升，要达到雾化良好，喷洒均匀，喷量误差小于 5%。喷药的时候要注意以下几点：

（1）药剂喷洒要均匀。坚持标准作业，不重喷、不漏喷。

（2）整地质量要好，土壤要平、细。

（3）混土要彻底。混土的时间与深度，应根据除草剂的种类而定。

（4）药效受降雨影响较大，施药时应关注天气状况。

9. 化学调控 大豆植株生长过旺，要在初花期选用多效唑、三碘苯甲酸等生长调节剂进行调控，控制大豆徒长，防止后期倒伏。

10. 收获 大豆叶片全部脱落，茎秆干枯，籽粒归圆呈本品种色泽，含水量低于18%时，用带有挠性割台的联合收获机进行机械直收。收获的标准要求割茬不留底荚，不丢枝，田间损失小于3%，收割综合损失小于1.5%，破碎率小于3%，泥花脸小于5%。

三、注意事项

（1）一定要有深松基础。

（2）一定要选择秆强、抗倒伏的品种。

（3）可根据本地实际情况，因地制宜，采取不同行距，一般为15～20厘米。

（4）杂草较多的地块，不宜采用此项技术。

（5）在不同土壤条件下密度有所不同，应根据具体情况，亩收获株数掌握在2.67万～3万株。

（6）后期一定要喷二次叶面肥。

四、适宜区域

适宜有大马力机械条件、大面积种植的东北大豆产区。

第三节　大豆垄上行间覆膜技术

一、技术概述

大豆垄上行间覆膜栽培技术是黑龙江垦区针对黑龙江大豆产区连年干旱、低温而形成的一项增产增效创新栽培技术。这项技术通过覆膜充分利用地下水，变无效水为有效水，在干旱地区和干旱年份表现出极大的增产潜力。该技术同时具有抗旱、增温、保墒、提质、增产、增效作用，是北方高寒地区旱作农业的又一项创新综合栽培技术。

二、技术要点

1. 整地 伏秋整地，严禁湿整地。对没有深松基础的地块采取深松，深松深度为 35 厘米以上；有深松基础的地块采取耙茬或旋耕，耙茬深度为 15~18 厘米，旋耕深度为 14~16 厘米。秋起 130 厘米的大垄，垄面宽 80 厘米，并镇压。

2. 品种选择 选择优质、高产、抗逆性强、当地能正常成熟的品种，不能选择跨区种植的品种。

3. 地膜选择 选用厚度为 0.01 毫米，宽度为 60 厘米的地膜。

4. 播种时期 当土壤 5~10 厘米地温稳定通过 5℃时即可播种，比正常播种可提早 5~7 天。黑龙江东部地区可在 4 月 25 日至 5 月 1 日，北部地区可在 4 月 28 日至 5 月 5 日播种。

5. 种植密度 遵循肥地宜稀、瘦地宜密的原则，亩保苗 1.47 万~1.73 万株。

6. 播种方法 选用八五二农场耕作机厂 2BM-3 覆膜通用耕播机或 2BM-1 行间覆膜通用耕播机，垄上膜外单苗带气吸精量点播，苗带距膜 2~3 厘米，不能超过 5 厘米。一次完成施肥、覆膜、播种、镇压等作业。

7. 覆膜标准 覆膜笔直，百米偏差不超过 5 厘米，两边压土各 10 厘米，东部地区每隔 10~20 米膜上横向压土，西部地区每隔 1.3~1.4 米膜上横向压土，防止大风掀膜。

8. 播种标准 播量准确，正负误差不超过 1%，播到头、播到边。

9. 施肥 每亩施氮、磷、钾纯量 8~10 千克，氮、磷、钾的比例，黑土地为 1∶1.5∶0.6，白浆土地为 1∶1.2∶0.6。采用分层侧深施肥，肥施在膜内种侧 10 厘米处，1/3 的肥施于种侧膜下 5~7 厘米，2/3 的肥施于种侧膜下 7~12 厘米。

10. 叶面追肥 在大豆初花期、鼓粒期、结荚初期分别进行叶面追肥。参考配方为每亩施尿素 0.3 千克＋磷酸二氢钾 0.15 千克。第一遍机车或航化均可，第二、三遍以航化为主，要做到计量准确、喷液量充足、不重不漏。

11. 化学除草 除草方式以播前土壤处理为主，茎叶处理为辅。播前土壤处理和茎叶处理应根据杂草的种类和当时的土壤条件选择施药品种和施药量。茎叶处理可采用苗带喷雾器进行苗带施药，药量要减 1/3。喷液量土壤处理每亩 10～13.3 升，茎叶处理喷液量每亩 10 升。要达到雾化良好，喷洒均匀，喷量误差小于 5%。

12. 中耕管理 在大豆生育期内中耕 3 遍。第一遍中耕在大豆出苗期进行，深度为 15～18 厘米，或于垄沟深松 18～20 厘米，要垄沟和垄帮有较厚的活土层；第二遍中耕在大豆 2 片复叶时进行，深度为 8～12 厘米；第三遍在封垄前，深度为 8～12 厘米。

13. 化学调控 根据大豆长势，生长过旺时，要在分枝期选用多效唑、三碘苯甲酸等化控剂进行调控，防止后期倒伏。

14. 残膜回收 在大豆封垄前，将膜全部清除回收，防止污染。起膜后在覆膜的行间进行中耕。

三、注意事项

（1）不能选择过晚品种，要选择在本地能正常成熟的品种。种植的密度每亩应控制在 1.67 万株左右。

（2）要选用拉力强度大的膜，以有利于膜的回收，不污染环境。

（3）要喷洒叶面肥，防止后期脱肥。

四、适宜区域

大豆行间覆膜技术应选择在干旱地区或干旱年份应用，不宜在水分充足的地块应用此项技术。

第四节 大豆"垄三"栽培技术

一、技术概述

大豆"垄三"栽培技术最早形成于20世纪80年代初,由黑龙江省八一农垦大学采用农机与农艺相结合,逐步形成的一整套行之有效的机械化高产综合配套技术体系,称之为"垄三"栽培技术。所谓"垄三",即指在垄作基础上采用机械化的三种主要技术:一是垄体、垄沟分期间隔深松;二是分层深施底肥;三是垄上双条精播。以上三项作业由机械一次完成,目前这一技术在一些具体措施上有了新的发展。

二、技术要点

1. 伏秋整地起垄 "垄三"栽培技术由于采用精播,对整地质量要求很高。要做到伏秋精细整地,耕层土壤细碎、平整,深松起垄,垄向要直,垄宽一致,一般垄宽65~70厘米,第二年春天在垄上直接播种。

2. 分层施肥 播种时将肥料分两层施在两行苗的中间部位。第一层占施肥总量的30%~40%,施在种下4~5厘米处;第二层占施肥总量的60%~70%,施于种下8~15厘米处。在施肥量偏少的情况下,第二层施在种下8~10厘米处即可。

3. 品种选择与合理密植 选用喜肥水、秆强抗倒的品种。播种密度依据地区、施肥水平和品种特性确定,东北北部地区通常每公顷保苗22.5万~30万株。

4. 配套耕播机具 目前定型的耕播机有几种型号,所需牵引力大小各不相同。大功率拖拉机牵引的有2BTGL-12型,中型拖拉机牵引的有2BTGL-6型和LFBT-6型,小型拖拉机牵引的有2BTGL-2型和2BT-2型等。

三、注意事项

(1) 此项技术适宜在土壤冷凉、土壤含水量较高的低湿地区应用，风沙、干旱、年降水量较少的地区不宜采用。

（2）在地势低洼、含水量充足的平川地可以采用深松播种，但在春旱严重的地区和旱岗地、跑风地不要采用深松播种，以免因失墒而保不住苗。

（3）深松深度要根据耕作基础和土壤墒情来确定。在没有耕翻和深松基础的地块，深松时不能一次过深，以打破犁底层为原则，逐渐加深。墒情不好、耕层干硬，春季深松时易起大块，使垄体架空跑墒。因此，深松深度要浅些，以能达到深施肥的深度（20厘米左右）为宜。

四、适宜区域

适宜在东北大豆产区应用。

第五节　大豆45厘米双条密植栽培技术

一、技术概述

大豆45厘米双条密植栽培技术是在"垄三"栽培技术的基础上，为增加密度，行距由65～70厘米缩小至45厘米，采用双条密植的栽培方法。

二、技术要点

1. 精细整地　进行伏、秋翻或耙茬深松整地，要达到耕层深厚、地表平整、土壤细碎。

2. 品种选择　应采用半矮秆、抗倒伏、耐密植的品种。

3. 播种方法　在"垄三"栽培技术的基础上，行距由65～70厘米缩小至45厘米，采用双条密植栽培。

4. 施肥　增施农家肥，合理施用化肥。中等肥力地块每公顷施优质有机肥30吨，化肥采取测土配方分层侧深施，要做到氮、磷、钾搭配，施用量要比常规垄作增加15％以上。

5. 除草　搞好化学除草。机械化程度高的地区，可结合秋整地进行秋施除草剂，春季干旱地区提倡苗后除草，如土壤墒情好可采取土壤封闭处理。

6. 种植密度 目前中部、中南部或高肥力地块保苗 30 万～33 万株/公顷，中北部、西北部、平地或中等肥力地块保苗 35 万～38 万株/公顷，北部、岗地或贫瘠地块保苗 38 万～42 万株/公顷。

7. 化学调控 促控结合植株生长过旺，可喷施多效唑等植物生长调节剂，防止倒伏。大豆前期长势较弱时，可在初花期喷施尿素与磷酸二氢钾的混合液，并根据需要加入微量元素肥料。

三、注意事项

不宜在低洼和雨水大的区域应用此项技术。

四、适宜区域

黑龙江省中等或中上等肥力的平川地或平岗地。

第六节 大豆垄上三行窄沟栽培技术

一、技术概述

大豆垄上三行窄沟栽培技术是在"垄三"栽培技术的基础上，为增加密度，在原行距不变的情况下，由垄上 2 行变为垄上 3 行密植的栽培方法。

二、技术要点

1. 选地与备耕 选择地势平坦、土层深厚、井渠配套、保水保肥较好的地块。秋收后及时灭茬，每公顷施优质有机肥 22.5 吨以上；松、翻 20 厘米以上，将根茬、有机肥翻入土壤下层，耕翻后及时耙碎坷垃，做到上虚下实、深浅一致、地平土碎、无坷垃，力争进行秋起垄，垄距 65 厘米。

2. 品种选择 选用适应性强、高产、优质、多抗、耐密植、抗倒伏的品种。播前进行机械或人工精选种，种子纯度在 99% 以上，净度在 98％以上，发芽率在 95％以上，含水量不高于 13％。播前 3～5 天进行种子包衣，种衣剂应针对当地病虫害和土壤微量元素丰缺情况而定，种衣剂中微量元素不足时应增加相应微肥拌种，药种比一般为 1：40～50。宜用 20 毫升云大-120 与适量大豆种衣剂混用拌 25 千克种子，3 天内播完。

3. 播种 当耕层土壤温度稳定通过 8℃时即可播种，一般年份在 5 月上、中旬完成播种。播种方法是在 65 厘米垄宽的基础上，将苗带间距加宽到 22～24 厘米，用垄上三行精量播种机播种（靴体式或圆盘式），垄上三苗带，各行苗带间距为 11～12 厘米，两边单行米间落粒 10～12 粒，中行米间落粒 8～11 粒，三行平均米间落粒 30～35 粒。播种密度比常规垄作增加 30％左右，半矮秆品种每公顷保苗 40.5 万～45 万株；高秆品种每公顷保苗 39 万～42 万株。积温较高地区每公顷苗量可减少 4.5 万～7.5 万株。播种深度为 4～5 厘米。

4. 施肥 测土平衡施肥，有机肥、化肥和叶面喷洒追肥相结合，氮、磷肥充足的地块应注意增加钾肥施用量，改一次垄上单条施肥为行间侧深施肥。种下施肥和根外叶面追肥相结合，施肥总量要比常规垄作增加 15％以上。一般情况下每公顷施磷酸二铵 120～135 千克、尿素 45～60 千克、钾肥 30～45 千克或用大豆专用肥 195～225 千克做种肥，农家肥和化肥必须做到种下深施或种下分层施。追肥为：2～3 片复叶期（幼苗期），每公顷用尿素 4.5 千克＋多元素叶面肥 300 毫升，对水 195 千克喷施；5～6 片复叶期（幼苗期），每公顷用尿素 6 千克＋300 毫升芸薹素内酯＋多元素叶面肥 300 毫升，对水 195 千克喷施；大豆封垄前（结荚期），每公顷用尿素 7.5 千克＋磷酸二氢钾 3 千克，对水 195 千克喷施；出现药害、冻害、涝害、雹灾时，每公顷施用 0.000 2％羟烯腺·烯腺 1 450 毫升＋多元素叶面肥 300 毫升，对水 195 千克，视药害程度间隔 7 天喷施 1～2 次。

5. 收获 当植株落叶时即可人工收割；机械收获，可在适期内抢收早收。割茬要低，不留底荚，田间损失不超过 5％。破碎粒不超过 3％。

三、注意事项

注意防治草地螟。后期田间大草要人工拔除。

四、适宜区域

适用于生育期较短、积温偏低、土壤较为干旱的内蒙古呼伦贝尔市莫旗、阿荣旗、扎兰屯市、鄂伦春旗和大兴安岭农场管理局以及兴安盟扎赉特旗、科右前旗等旗（县、市）。

第七节　麦茬夏大豆免耕覆秸精播栽培技术

一、技术概述

该技术是在小麦机械收获并全部秸秆还田的基础上，集成根瘤菌接种、精量播种、侧深施肥、地下害虫防控、封闭除草、秸秆覆盖等单项技术的配套栽培技术体系。和常规技术相比，应用麦茬免耕覆秸精播栽培技术可增产大豆 15% 左右，水分、肥料利用率提高 10% 以上，亩增收节支 60 元以上，同时秸秆全量还田且覆盖在耕层表面，土壤肥力不断提高，水土流失减少，并可杜绝因秸秆焚烧造成的环境污染。

二、技术要点

1. 小麦秸秆处理　该技术对麦秸长度及麦茬高度不作要求。

2. 播种

（1）选种。选用高产、优质大豆品种。精选种子，保证种子发芽率。每亩播种量为 3～4 千克，保苗 1.5 万株。

（2）适期早播。麦收后抓紧抢种，宜早不宜晚，底墒不足时造墒播种。

（3）播种。采用麦茬地大豆免耕覆秸播种机播种，精量点播，拨秸、开沟、施肥、播种、覆土、覆秸一次完成，行距 40 厘米，播种深度 3～5 厘米。

（4）施肥。结合播种亩施 0.5％毒死蜱微胶囊复合药肥（N：P：K＝15：15：15）10 千克，注意肥料与种子分开。也可在分枝期结合中耕培土施肥。

（5）拌根瘤菌。按照每粒大豆种子接种根瘤菌 $10^5 \sim 10^6$ 个的用量，以加水或掺土的方式稀释菌剂，均匀拌种以使根瘤菌剂粘在所有种子表面，拌完后尽快（12 小时内）播种。

（6）化学除草。结合播种实施田间封闭除草，亩施用精甲·嗪·阔复合除草剂 135 克。

3. 田间管理

（1）杂草控制。一是播种后出苗前用都尔、乙草胺等化学除草剂封闭土表。二是出苗后用高效盖草能（禾本科杂草）、虎威（阔叶杂草）等除草剂进行茎叶处理。

（2）病虫防治。做好蛴螬、豆秆黑潜蝇、蚜虫、食心虫、豆荚螟、造桥虫等虫害及大豆根腐病、胞囊线虫病、霜霉病等病害的防治工作。

（3）化学调控。高肥地块可在初花期喷施多效唑等植物生长调节剂，防止大豆徒长倒伏。低肥力地块可在盛花期、鼓粒期叶面喷施少量尿素、磷酸二氢钾和硼、锌微肥等，防止后期脱肥早衰。

（4）及时排灌。大豆花荚期和鼓粒期遇严重干旱及时浇水，雨季遇涝要及时排水。

（5）适时收获。当叶片发黄脱落、荚皮干燥、摇动植株有响声时收获。

三、注意事项

如果封闭除草效果不佳，应及时采取茎叶处理；注意防控根腐病、蛴螬等病虫害。

四、适宜区域

黄淮海麦、豆一年两熟区。

第八节 大豆根瘤菌接种技术

一、技术概述

由根瘤菌与大豆共生形成的根瘤，具有将空气中分子态氮转化为大豆能直接利用的氮素养分的能力。我国目前只有 1% 左右的大豆接种根瘤菌，大豆种植过分依赖化学氮肥，不仅抑制了大豆根瘤菌的共生固氮作用，而且造成了资源浪费和大豆生产成本的增加。因此，推广大豆根瘤菌接种技术，可充分发挥大豆的共生固氮功能。

二、技术要点

1. 选好根瘤菌剂产品

（1）选择与大豆品种相匹配、与当地土壤相适应的根瘤菌剂产品，经过田间或温室试验，证实选用的根瘤菌剂产品与栽培的大豆品种能够很好地结瘤固氮。

（2）选用质量合格的大豆根瘤菌剂产品即产品应有农业部批准的微生物肥料登记证号，包装完好，且在保质期内。

2. 采用适宜接种技术 目前大豆根瘤菌的接种方式有拌种、土壤接种和种子包衣，使用者可根据当地情况选择合适的接种方式。

（1）拌种。根据产品说明书要求的用量或按每粒大豆种子接种根瘤菌 $10^5 \sim 10^6$ 个的用量，加水或掺土等稀释菌剂，均匀拌种以使根瘤菌剂粘在所有种子表面，拌完后尽快（12 小时内）将种子播入土中。注意不要将种皮碰破，否则将造成烂种、缺苗。拌种后种子应存放在阴凉处，不能曝晒于阳光下，也不要与杀菌剂同时使用。

（2）土壤接种。应将根瘤菌喷或撒在种子下方 3～5 厘米处，不要与化肥直接接触，以避免对根瘤菌产生不利影响。有条件的地方，结合机械作业效果更稳定。

（3）种子包衣。适合于大豆机械化作业种植区域；也适用于干旱地区。使用中应避免与杀菌剂接触。

3. 配套施肥技术

（1）多施有机肥。每亩 150～500 千克的有机肥作底肥，有利于根瘤菌的繁殖和根瘤的形成，增强大豆固氮能力，且有利于大豆生长发育。土壤贫瘠和前茬作物施肥量少的地块，应尽可能增加有机肥的施用量。

（2）巧施氮肥。施氮过多会抑制根瘤的形成，也影响根瘤固氮。因此，应根据土壤肥力情况施用氮肥。肥力低（土壤中的水解氮低于 30 毫克/千克）的田块，一般前期每公顷可施尿素 45～75 千克，保证幼苗在根瘤形成前有足够的氮素营养；肥力中等以上的地块，前期应不施氮肥。根据植株生长情况，可在大豆花期或结荚期追施氮素化肥，每公顷叶面喷施或其他方式追施尿素 45～75 千克。

（3）增施磷肥和钼、锰微肥。磷肥宜作基肥或种肥早施，一般每公顷可施过磷酸钙 225～300 千克或磷酸二铵 120～150 千克；施用适量的钼（钼酸铵 30～75 克）、锰（硫酸锰 60～120 克）等微肥，有利于提高根瘤菌的成活率和增强固氮能力。

三、注意事项

（1）菌剂产品应储存在阴凉、干燥、通风处，适宜温度为 4～30℃，不得露天堆放。

（2）稀释菌剂时不能使用含有氯气的自来水。

（3）菌剂开袋后立即使用，一次用完。

（4）根瘤菌菌株和大豆品种要相互匹配。

四、适宜区域

全国大豆产区。

第九节　轮作春大豆节本高效栽培技术

一、技术概述

轮作春大豆节本高效栽培技术是在玉米机械收获后将全部或

部分秸秆还田的基础上，集成保护性机械耕作、作物轮作、精准施肥、播后或苗后化学除草、病虫害生态防控、化学调控等单项技术的配套栽培技术体系。随着配套农机具的不断完善，轮作春大豆节本高效栽培技术已经成为我国东北玉米—春大豆一年一熟区的主要栽培模式。该技术分为铧犁平翻秸秆还田精量播种技术和灭茬旋耕精量播种技术。和常规技术相比，应用轮作春大豆节本高效栽培技术可增产大豆11%左右，水分、肥料利用效率提高10%以上，亩增收节支120元以上，同时土壤肥力不断提高，病虫害得到控制，水土流失减少，并可避免因秸秆焚烧造成的环境污染。

二、技术要点

1. 玉米秸秆处理 铧犁平翻秸秆还田精量播种技术采用联合收割机收获玉米，并将粉碎的玉米秸秆自然抛撒在地面。玉米留茬15厘米以下，秸秆粉碎后长度在5厘米以下。如果未使用联合收割机，可以使用带抛撒装置的粉碎机将秸秆粉碎1遍。灭茬旋耕精量播种技术采用联合收割机收获玉米，玉米留茬15厘米以下，秸秆进行打包处理并运出田间，随后用灭茬机将玉米茬粉碎1~2遍，旋耕起垄。

2. 播种

（1）选种。选用高产、优质大豆品种。精选种子，保证发芽率。每亩播种量为4~5千克，保苗28万株。

（2）适期播种。根据土壤墒情和土壤温度适时播种。

（3）播种。采用铧犁平翻秸秆还田精量播种技术，精量匀播，开沟、施肥、播种、覆土一次完成，行距40，播种深度3~5厘米。

（4）施肥。亩施尿素5千克、磷酸二铵10千克、硫酸钾5千克，采用分层施肥，第一层施在种下4~5厘米处，占施肥总量的30%~40%，第二层施于种下8~15厘米处，占施肥总量的60%~70%。

（5）拌种。按照药种比 1∶70 进行种衣剂包衣，拌完后晾干备用。

3. 田间管理

（1）杂草控制。一是播种后出苗前，用乙草胺和噻吩黄隆等化学除草剂封闭土表。二是出苗后用高效盖草能（禾本科杂草）、虎威（阔叶杂草）等除草剂进行茎叶处理。

（2）病虫害防治。做好蛴螬、豆秆黑潜蝇、蚜虫、食心虫、豆荚螟等虫害及大豆根腐病、胞囊线虫病等病害的防治工作。

（3）化学调控。高肥力地块可在初花期喷施多效唑等植物生长调节剂，防止大豆倒伏。低肥力地块可在盛花期、鼓粒期叶面喷施少量尿素、磷酸二氢钾和硼、锌微肥等，防止后期脱肥早衰。

（4）及时排灌。大豆花荚期和鼓粒期遇严重干旱应及时浇水，雨季遇涝要及时排水。

（5）适时收获。当叶片发黄脱落、荚皮干燥、摇动植株有响声时收获。

三、注意事项

铧犁平翻玉米秸秆全部还田技术，要求玉米秸秆在联合收割机收获时含水量不能太高，否则影响机械粉碎的程度，进而影响机械还田效果。

四、适宜区域

东北稻、豆一年一熟区。

第二章　大豆生产防灾减灾技术

大豆在我国主要农区均有种植，且多分布在自然条件相对较差的地区和季节，以及抗灾条件较差的地块上种植。因此，大豆生长期间受自然灾害的影响比其他作物更为严重。大豆生产中常见的自然灾害有干旱、洪涝、霜冻、冰雹等。

第一节　干　　旱

干旱是大豆生产中最主要的自然灾害。在我国北方春大豆区和黄淮海流域夏大豆区都存在严重的干旱问题，南方多作大豆区也经常受到季节性干旱影响。

在北方春大豆区，干旱对大豆生产的影响主要发生在播种期和生育后期，其中，鼓粒期干旱对大豆产量影响最大。在黄淮海夏大豆区，常因麦收后土壤水分不足，导致播期推迟，产量下降。

应对措施：

1. 播种期干旱

（1）深松改土，扩大耕层，增加土壤水分保蓄能力。

（2）采用适当的抗旱保墒播种方式。北方春大豆区，未经秋翻地块采取原垄卡种，秋翻地块采取平播后起垄或平作窄行密植，土壤墒情较差地块采取深开沟、浅覆土、重镇压，并做到连续作业，防止土壤水分散失。严重干旱地块或地区，可采用垄沟播种、地膜覆盖等抗旱保水措施。在黄淮海夏大豆区，可采用机械贴茬播种、秸秆覆盖等抗旱播种措施。

（3）适期早播。充分利用"返浆水"或麦黄水。北方春大豆区，要抓住春季地温回升的有利时机，利用"返浆水"抢墒播种，播后及时镇压；黄淮海夏大豆区，要在小麦收获后尽快播种，充分利用麦黄水。

（4）选用良种。选用中小粒、抗旱、适应性强、增产潜力大的品种，杜绝越区种植。

（5）种子处理。在精选种子、做好发芽试验的基础上做好种子处理：一是播前晒种。二是药剂拌种或种子包衣。干旱时，种子在土壤中时间长，易遭受病虫害，可用大豆种衣剂按药种比 1∶75～100 进行防治。

（6）应用化学处理剂。一是使用土壤保水剂，施用方式有土壤覆盖和作物根际土壤混拌两种方式；二是种子处理剂，包括抗旱种衣剂和种子药剂等。播种前用多种无机盐（$CaCl_2$、NaCl、$MgSO_4$ 等）、有机酸（黄腐酸、琥珀酸等）、乙醇胺或生长调节剂（赤霉素等）处理种子，都可以在不同程度上取得抗旱增产的效果；三是应用抗蒸腾剂，根据抗蒸腾剂的性质及其作用方式，一般分为三类：代谢型气孔抑制剂（甲草胺、二硝基酚等）、薄膜型抗蒸腾剂（CS6342、丁二烯丙烯酸等）和反射型抗蒸腾剂（高岭土）；四是应用生长调节剂，如矮壮素（CCC）、多效唑、脱落酸、黄腐酸等。生长抑制剂能促进根系生长发育，增强作物抗旱能力；脱落酸和黄腐酸具有抗蒸腾剂和生长抑制剂的双重特点，既能促进根系发育，又能在一定程度上关闭气孔，有显著的抗旱增产作用。

2. 大豆生育后期阶段性干旱

（1）深松技术。扩大耕层，增加土壤储水能力。

（2）合理施肥。增施有机肥，有机、无机肥合理搭配，使作物生长健壮，增强作物根系的吸水功能，提高作物抗旱能力。

（3）节水灌溉。大力推广渠道防渗、管道输水、喷灌、滴灌、渗灌等节水灌溉技术，提高大豆产量和种植效益。新疆农垦系统采用的膜下滴灌技术可水肥兼顾，根据大豆生长发育需要进行灌溉，是值得大力推广的节水灌溉技术。

第二节 涝 害

涝害包括水淹和渍害两种，水淹是指在洪灾或大雨后作物被浸泡在水中，地表有明水的现象；渍害发生时降水量偏多、排水不畅，土壤较长时间处于水分饱和状态。渍害是淮河以南地区大豆生产中的主要自然灾害，每年都会在局部地区发生，雨水偏多年份会出现全流域性的渍害。夏、秋大豆渍害多发生在花荚期以前，而春大豆全生育期都有可能发生，且近年有增加趋势。在我国北方春大豆区和黄淮海流域夏大豆区，低凹地也存在渍害问题，遇到雨水偏多年份，也会发生阶段性渍害。

大豆遭受涝灾、渍害后，由于根系缺氧，易造成烂根、烂叶、落花落荚，导致减产甚至死亡。此外，土壤渍害还会使病害加重，有时会形成大范围的次生灾害。据研究，大豆花荚期受涝 2～10 天，就会减产 10%～40%。

应对措施：

1. 大豆播种及苗期渍害

（1）开沟作厢，沟渠配套。结合冬季农田水利建设，在改善排灌条件的前提下，整地时开好厢沟、腰沟和围沟，厢沟深度要达到 25 厘米左右，低洼地还要加深，要做到沟渠配套，降低大豆田地下水位。

（2）及时排水。大豆播种后如遇连阴雨天气，田间出现积水，要及时排除田间积水和耕层滞水，做到雨停厢面干爽。

（3）补苗、补种或改种。如田间积水时间较长，易出现烂根、死苗，造成缺苗断垄，要及时进行查田补栽，缺苗严重的要及时补种或重种。灾情严重田块要及时改种其他作物。

2. 大豆花荚期渍害

（1）及时中耕松土。破除板结，防止沤根；同时进行培土，防止倒伏。在地面泛白时，及时进行 1～2 次中耕，以散墒、除草。

（2）增施速效肥。在植株恢复生长前，用 0.2%～0.3%磷酸二氢钾溶液或 2％～3％过磷酸钙浸出液，加 0.5％～1％尿素溶液、天达 2116 等进行叶面喷肥，植株恢复生长后，再酌情进行根部追肥，适当增施磷、钾肥，提高植株抗倒伏能力。

（3）及时防治病虫害。适时进行田间病虫害发生情况调查，水排干后可用多菌灵等防治根腐病、霜霉病和炭疽病等病害。

第三节 霜 冻

大豆霜冻主要发生在苗期、鼓粒后期至成熟期。苗期霜冻会导致幼苗大面积死亡，造成缺苗断垄，严重田块要进行毁种。鼓粒至成熟阶段的霜冻会使鼓粒提前终止，百粒重减轻，种子不能归圆，种皮保持绿色，影响商品质量。种子田遇霜冻，会使种子冻死，不能作种。

应对措施：

1. 熏烟 用秸秆、树叶、杂草等作燃料，当气温降到作物受害的临界温度（1～2℃）时，选在上风向点火，慢慢熏烧，使地面笼罩一层烟雾，降低辐射冷却，提高近地面的温度 1～2℃。田间熏烟堆要布置均匀，在上风方向，火堆的密度应较大，以利于烟雾控制整个田面。此外，用红磷等化学药物在田间燃烧，形成烟幕，也有防霜作用。

2. 综合措施 选用抗寒品种，合理安排播种期以避过霜冻，加强霜冻后的田间管理，对防霜、抗霜也有一定效果。

第四节 冰 雹

冰雹一般为区域性偶发灾害，北方春大豆产区常发生在大豆生育前期（一般在出苗到开花期），常有"冰雹打一线"的发生区域特点。冰雹对大豆造成机械损伤，引起严重减产或绝收。

应对措施：

1. 做好雹灾预警 在经常发生冰雹的区域，一是收听天气形势预报，根据本地区地形判断是否有雹灾发生。一般来说，锋面、低压、冷涡、高空槽、切变线、副高后部、台风等天气系统，都有利于形成雷暴云，产生冰雹。二是注意本地各气象要素的变化情况，推测雹灾发生的可能性。绝对湿度值不断增大，多数超过月平均值时易发雹灾。三是参考群众经验加以判断。农谚"冬春干旱冰雹多""久雨暴热有冰雹""夏季陡冷陡热下冰雹""红黄云上下翻，快要下冰蛋蛋""不怕云中黑，单怕云边红，最怕黄云下面生白虫（雹）""低云打架，冰雹就下"等，都有一定参考价值。

2. 人工防雹 人工防雹的方法有以下三种：一是用高炮或火箭将装有碘化银的弹头发射到冰雹云的适当部位，以喷焰或爆炸的方式播撒碘化银。二是用飞机在云层下部播撒碘化银焰剂。三是地面爆炸催化。具体办法是准确地识别雹源，将炸药包放在低凹处，进行地面爆炸催化。进行爆炸消雹时，必须和友邻地区联防协作，以便做到冰雹就地消失而不转移。

3. 加强对遭受雹灾农作物的田间管理 受雹灾后，若大豆顶端或叶腋生长点没有被打毁，植株还留下部分叶子，就可以保留受灾大豆田，通过增加中耕次数、及时追施速效肥，或用 0.2‰～0.3‰磷酸二氢钾溶液、0.5‰～1‰尿素溶液、2‰～3‰过磷酸钙浸出液叶面喷肥，也可用天达 2116 叶面肥等；使植株恢复生长，再酌情采取根部施肥等栽培措施，促进大豆的生长；对雹灾较重、基本失收的作物，应立即改种其他早熟作物。

第五节　主要病害

1. 大豆根腐病

（1）症状及危害。根腐病系由多种病原菌混合感染的根部病害，因此症状也有所不同，但大多症状表现为幼苗或成株期主要被害部位为主根，一般病斑初为褐色至黑褐色或赤褐色小斑点，以后迅速扩大呈梭形、长条形、不规则形大斑，以致使整个主根变为红褐色或黑褐色溃疡状，皮层腐烂，病部细缢，有的凹陷，重者因主根受害使侧根和须根脱落而变成秃根。一般根部受害，植株地上部长势很弱，叶片黄而瘦小，植株矮化，分枝少，重者可死亡，轻者虽可继续生长，但叶片变黄，以致提早脱落，结荚少，粒小，产量低。

（2）农业防治措施。一是大豆无免疫和高抗根腐病品种，可选用发病轻的高产、优质大豆品种，适时晚播，播种深度不能超过5厘米；二是合理轮作，实行与禾本科作物3年以上轮作，严禁大豆重迎茬；三是采取垄作栽培，有利于降湿、增温、减轻病情。雨后要及时排除田间积水。

（3）化学防治方法。主要是播种前对种子进行药剂处理，用50%多·福合剂可湿性粉剂，按种子重量的0.4%拌种。通过药剂拌种，推迟侵染期，常用方法有：①用含有多菌灵、福美双和杀虫剂的大豆种衣剂拌种，每100千克种子用种衣剂1 000～1 500毫升；②每100千克种子用50%多菌灵和50%福美双可湿性粉剂各2克进行拌种，为了增加附着性，可用聚乙烯醇溶液作黏着剂；③每100千克种子用2.5%咯菌腈悬浮种衣剂150毫升加20%甲霜灵拌种剂40毫升拌种；④每公顷所需大豆种子用大豆根保菌剂1 500毫升拌种；⑤每100千克种子用2%宁南霉素（菌克毒克）水剂1 000～1 500毫升拌种。此外，还可施用大豆根保菌颗粒剂，每公顷用30千克与种肥混施。

2. 大豆锈病

（1）症状及危害。锈病属世界性、气传、专性寄生性病害，是中国南方大豆上的重要病害之一。主要危害大豆叶片、叶柄和茎。叶片两面均可发病，初生黄褐色斑，病斑扩展后叶背面稍隆起，即病菌夏孢子堆，表皮破裂后散出棕褐色粉末，即夏孢子，致叶片早枯。之后，发病中心随风呈喇叭形向北扩散，当带有孢子的气流遇到适宜的温度和湿度条件时，夏孢子迅速繁殖并造成锈病暴发。夏孢子堆较小，为0.3～1毫米，不扩大，几个病斑可相互融合，一张叶片上的斑点可达200～300个。叶上病斑数量多时，叶变枯萎而脱落。接近收获期，在夏孢子堆周围另生多角形、黑褐色稍隆起的斑点，即病菌有性阶段产生的冬孢子堆。叶柄和较细的茎上亦受害，生成纺锤形锈褐色孢子堆，亦形成疱斑和散出粉状物。该病主要靠夏孢子进行传播蔓延，至于冬孢子的作用尚不清楚。降雨量大、降雨日数多、持续时间长发病重。在南方秋大豆播种早时发病重，品种间抗病性有差异，鼓粒期受害重。

（2）防治措施。一是播种或移栽前，或收获后，清除田间及四周杂草，集中烧毁或沤肥；深翻地灭茬、晒土，促使病残体分解，减少菌源；二是合理轮作，与非豆科作物轮作，水旱轮作最好。常见的寄主还包括豆薯、葛属、扁豆属、豇豆属、猪屎豆属、羽扇豆属和木豆属植物；三是选用抗病品种，选用无病、包衣的种子，如未包衣种子须用拌种剂或浸种剂灭菌。除去破瓣、秕粒、霉粒和杂豆，留下饱满、整齐、光泽好的种子做种。

3. 大豆霜霉病

（1）症状及危害。大豆霜霉病在大豆各生育时期均可以发生，主要危害大豆幼苗、叶片、豆荚及籽粒。带菌种子引起幼苗系统侵染，子叶不表现症状，第一对真叶从叶基部开始沿叶脉出现大块褪绿斑块，复叶也有相同症状。潮湿时感病豆株叶背面褪绿部分密生灰白色霉层。发病幼苗矮小瘦弱，叶片皱缩，常在封垄后死亡。病苗上形成的孢子囊传播至健康叶片上可进行再侵染，引起散生、边缘不明显的褪绿小点，后扩大成多角形黄褐色病斑，叶背面可产生霉层。感病严重时，全叶干枯，造成叶片提早脱落。豆荚感病时，外部无明显症状，内部有大量杏黄色粉状物，为病菌卵孢子和菌丝。被害大豆籽粒小、色白且无光泽。

（2）农业防治措施。一是选用抗病品种，选用抗病品种是防治大豆霜霉病的最佳途径。现有的抗霜霉病较强的大豆品种有合丰25、东农36、黑农21等；二是选用无病种子，播种前严格选种，清除病粒。采用无病种子播种，可减少初侵染源，有利于降低大豆苗期发病率，减少成株期菌源量；三是合理轮作，霜霉菌卵孢子可在大豆病茎、病叶上残留，在土壤中越冬。提倡秋收后，彻底清除田间病株残体并进行土壤翻耕，与禾本科作物实行3年以上轮作，减少初侵染源；四是加强田间管理，增施磷、钾肥以及排除豆田积水等，可以减轻发病。中耕铲地时注意铲除系统侵染的病苗,减少田间侵染源。

(3) 化学防治方法。播种前,用种子重量 0.3％的 80％恶霉灵可湿性粉剂或 35％甲霜灵 (瑞毒霉) 粉剂拌种。大豆霜霉病发病初期,喷洒 75％百菌清可湿性粉剂或 75％甲霜灵可湿性粉剂500～1 000 倍液进行防治;也可用 72％霜脲·锰锌 (杜邦克露) 可湿性粉剂、69％安克·锰锌 (烯酰吗啉和代森锰锌) 可湿性粉剂 800～1 000倍液防治。

4. 大豆菌核病

(1) 症状及危害。大豆菌核病主要侵染大豆茎部。田间植株上部叶片变褐枯死最先引人注意,这时病株的茎部已断续发生褐色病斑,并生白色棉絮状菌丝体及白色颗粒状物,后变黑色成为菌核。刨开病株茎部,则见内有黑色圆柱形的老鼠屎状的菌核排列。病株枯死后呈灰白色,茎中空,皮层往往烂成麻丝状,病株外部的菌核颇易脱落。荚上病斑褐色,迅速枯死不能结粒,最后全荚呈苍白色,轻病荚虽可结粒,但病粒腐烂。

(2) 农业防治措施。一是选用抗病品种,播种前精选种子将种子间的菌核除净。大豆菌核病病菌寄生性很强,选用抗病性强的品种是防治该病的最佳途径;二是合理轮作,因为菌核在病残体及土壤中越冬,成为第二年的初侵染源,所以要与禾本科植物及其他非寄主植物实行 3 年以上轮作;三是深翻整地,将落入田间的菌核埋入土壤深层,覆土 10 厘米以上,菌核便不能形成子囊盘,抑制菌核萌发,减少初侵染源;四是加强田间管理,适当增施磷、钾肥,勿过多施入氮肥,及时排除豆田积水,降低田间湿度。在菌核萌发期及时铲蹚,破坏子囊盘,减少田间侵染源,减轻发病。发病重的地块,豆秆要就地烧毁,防治病害蔓延。

(3) 化学防治方法。每亩用 50％腐霉利可湿性粉剂 10 毫升对水 30 千克,于菌核病发病初期叶面喷雾;或每亩用 40％菌核净 10 毫升对水 30 千克喷雾;或每亩用 25％咪鲜胺 80～100 毫升对水 30 千克喷雾。防治时期 (7 月上旬) 用以上药剂中的一种防治 2 次即可。

第六节　主要虫害

1. 蚜虫

（1）危害。大豆蚜虫 6 月中下旬始见，为害盛期在 6 月底至 7 月初。一般干旱少雨、持续高温天气，蚜虫容易大量发生。大豆蚜虫成虫和若虫均可为害，一般以刺吸方式取食豆株顶叶、嫩叶、嫩茎的汁液，也侵害嫩荚。发生时，常布满整个大豆植株的茎叶，导致植株生长不良，结荚减少，大发生时导致减产 20％～30％，严重的超过 50％，苗期发生严重时可使整株死亡。

（2）防治方法。一是拌种。用大豆种衣剂包衣，既可防治早期蚜虫，又能防治地下害虫。也可用高效内吸性农药，如用种子总量的 0.2％～0.3％ 的 35％ 呋喃丹拌种。二是喷药。防治大豆蚜虫，关键是早发现早防治。大豆蚜虫排出的蜜露是蚂蚁很好的食料，因此如有蚂蚁在豆株上爬，就应引起注意查看，以及早发现。在苗期用 35％ 伏杀硫磷乳油 0.13 千克/亩稀释后喷雾，对天敌无害，且对大豆蚜控制效果显著。大豆田出现点片发生时，可用 50％ 抗蚜威水分散粒剂 2 000 倍液、40％ 氧乐果乳油 1 000 倍液喷雾，或选用 5％ S-氰戊菊酯乳油、2.5％ 溴氰菊酯乳油 15～20 毫升/亩，对水 40～50 升喷雾。应注意轮换使用各种农药，减轻蚜虫抗药性，并且保护天敌。鉴于大豆蚜虫抗药性及生态环境保护的需要，提倡选用高效、低毒杀虫剂。贯彻合理用药，保护天敌的原则。

2. 豆秆蝇

（1）危害。豆秆蝇又名豆秆黑潜蝇，广泛分布于我国黄淮流域和南方大豆产区，其中以山东、河南、江苏、安徽等省大豆受害最重。一般造成减产 20％～30％，严重者减产 50％ 以上。寄主有大豆、红小豆、野生大豆、绿豆、四季豆、豇豆、苜蓿、野生绿豆等豆科植物。以幼虫取食大豆叶柄、茎秆的髓部和木质部，粪便充满隧道，初为黄褐色，后变深褐色，严重影响豆株的水分、养分输导和转化，轻则叶片变黄，植株细弱矮小，分枝和结荚少；重则枯枝和死苗。后期受害，造成花、荚、叶过早脱落，千粒重降低而减产。

（2）防治方法。一是农业防治，在越冬代成虫羽化前处理越冬寄主，把大豆等寄主秸秆用泥封闭或作为饲料随铡随用。并可采用豆田深翻、增施基肥、提早播种、适时间苗、轮作倒茬等措施使越冬虫死亡，或于大豆开花结荚期浇水，这不仅能消灭入土幼虫，还有利于大豆增产；二是药剂防治，可采用50％辛硫磷乳油1 000倍液，或2.5％高效氟氯氰菊酯乳油3 000倍液，或20％菊·马乳油3 000倍液，或21％灭杀毙乳油3 000倍液等进行喷雾，把豆株苗期作为防治重点。

3. 豆荚螟

（1）危害。以幼虫蛀荚为害，幼虫孵化后在豆荚上结一白色薄丝茧，从茧下蛀入荚内取食豆粒，造成瘪荚，也可为害叶柄、花蕾和嫩茎。

（2）防治方法。一是发生严重地区应避免豆类作物与豆科绿肥连作或邻作。二是黑光灯诱蛾。三是喷药杀虫，常选择成虫盛发期和幼虫孵化盛期前喷药。一般应从现蕾开始，每隔7～10天喷蕾花1次，连喷2～3次可控制为害。药剂可选用90％敌百虫可溶性粉剂1 000倍液、50％杀螟硫磷乳油1 000倍液、10％氯氰菊酯乳油1 000倍液、10％吡虫啉可湿性粉剂1 000～1 500倍液。四是收获后豆田翻耕，冬春灌水浸田杀虫。

第七节　主要草害

大豆田主要单子叶杂草有马唐、稗草、牛筋草、藜、狗尾草；阔叶杂草有反枝苋、鳢肠、铁苋、苘麻。夏大豆通常在6月播种，处于高温多雨的季节，杂草发生来势猛、密度高、长势强、种类多，容易形成草荒。一般在大豆播后5天杂草开始出土，整个杂草出土期持续长达60天左右，对大豆高产极为不利。根据除草剂处理期的不同，可分为苗前除草和苗后除草。

苗前除草：以禾本科杂草为主的地块，在播种后3天之内，大豆出苗前亩用50%乙草胺乳油100～150毫升，或33%二甲戊乐灵乳油150～200毫升，对水50～80千克喷施于土壤表面。干旱条件下，要加大用水量或浅混土2厘米；以马齿苋、铁苋等阔叶杂草为主的地块，在播后苗前亩用50%乙草胺乳油100毫升＋24%乙氧氟草醚（二苯醚类除草剂）乳油10～15毫升喷施土表，土壤有机质含量低、沙质土、低洼地、水分足用低剂量，反之用高剂量。

苗后除草：以禾本科杂草为主的地块，杂草幼苗期亩用5%精喹禾灵乳油50～70毫升，或10.8%高效氟吡甲禾灵乳油20～40毫升，对水30千克喷施；以阔叶杂草为主的地块，在杂草基本出齐处于幼苗期时，亩用10%乙羧氟草醚乳油10～30毫升，对水30千克喷施；禾本科和阔叶杂草混生的地块，在杂草基本出齐处于幼苗期时，亩用7.5%氟羧草·喹禾灵（禾阔灵）乳油80～100毫升，或用5%精喹禾灵乳油50～75毫升＋25%三氟羧草醚（二苯醚类除草剂）水剂50毫升，对水30千克喷施。

注意：要根据草情、墒情确定具体用药量，草大、墒情差时用高剂量。特别提醒：二苯醚类除草剂应在大豆2～4片复叶时施药，施药过早或过晚均易产生药害。

第三章　大豆生产配套机械

第一节　大豆播种机械

一、系列 2BMFJ 多功能免耕覆秸精量播种机

1. 主要性能

项目	参数值
配套拖拉机	30~120 马力 *
适用作物	大豆、玉米、花生
播种方式	精量点播
作业速度	4~6 千米/小时
行数	大豆、花生 3/4/5/6/7；玉米 2/4/5/7
行距	平播 35~50 厘米 垄作 110~130 厘米（垄上 2 或 4 行）或垄作 60~70 厘米（垄上 1 或 2 行）
株距	大豆、花生 5~12 厘米可调，玉米 15~30 厘米可调
播种深度	3~5 厘米
施肥深度	8~12 厘米（种侧 5~8 厘米）

2. 技术特点　适用于大豆、玉米、花生，可以在各种作物收获后不同状态的原茬地上，不经任何处理，精量播种玉米、大豆和花生等作物，一次进地可完成清秸防堵、种床整备、侧深施肥、精量播种、覆土镇压、喷施药剂和均匀覆盖秸秆作业工序，实现了传统精耕细作技术与现代保护性耕作技术的真正融合，有效解决了收后秸秆处理和高质量播种难题。各项性能指标均达到国家标准

---

　* 马力为非法定计量单位，1 马力≈735.499 瓦。——编者注

《GB/T 6973—2005 单粒（精密）播种机试验方法》等要求的优等品水平。

3. 适宜区域 该系列播种机适用于个体农户、专业合作社和垦区各种规模地块的原茬地大豆、玉米和花生免耕精量播种作业。

二、融拓北方 2BJQ 系列播种机

1. 主要性能

参数 ＼ 型号	2BJQ-6	2BJQ-7	2BJQ-8	2BJQ-9	2BJQ-11
配套动力（马力）	80～100 履带	80～100 轮式	120～140 履带	145～180 轮式	160～220 轮式
输出轴转数（转/分）			540		
风机转数（转/分）			4 800		
挂接方式			三点全悬挂		
作业行数（行）	6	7	8	9	11
行距（厘米）			60～70		
工作幅宽（米）	3.6～4.2	4.2～4.9	4.8～5.6	5.4～6.3	6.6～7.7
施肥深度（厘米）			苗侧 4～5，第一层 6～8，第二层 8～12		
播种量（株/公顷）			玉米 5 万～8 万，大豆 18 万～50 万		
作业速度（千米/小时）			6～10		
生产率（公顷/小时）	2～3	2.3～3.9	2.7～4.4	3～5	4～7.7

2. 技术特点 融拓北方 2BJQ 系列气吸式精密播种机为大中功率拖拉机配套，技术先进、结构合理、采用双圆盘开沟器，通过性能好，播种单体前仿形，排种器对种子适应性好、破损率低、投种点低。该系列机型可靠性高、调整使用方便，作业速度可达 8～10 千米/小时，通过更换不同规格的排种盘可播种 10 余种作物。该系列机械可进行 60～75 厘米行距播种，变换装配位置可以调成 110～130 厘米大垄双行播种（垄上行距 35～50 厘米），尤其适合大面积播种，一次进地同时完成破茬、施肥、开

沟、播种、覆土、镇压等作业，还可用于平作播种和中耕培土作业，适用范围广泛。播种系统采用数字电子监测，可监视播种情况和播种量，提高工作效率。

3. 适宜区域 本系列播种机适宜在平原或丘陵旱作区完成大豆、玉米播种作业。一般中等规模种植户可选用 6～8 行播种机，大规模种植户可选择 8～11 行播种机。

三、勃农 2BFMQ -4/6 型免耕施肥播种机

1. 主要性能

参数 型号	2BFMQ-4	2BFMQ-6
配套动力（马力）	55～80	90～120
动力输出轴转数（转/分）	540	
风机转数（转/分）	5 000	
外形尺寸长×宽×高（米）	3.2×2.4×1.55	4.5×2.4×1.55
结构质量（千克）	1 050	1 380
挂接方式	三点全悬挂	
行距（厘米）	65～70 可调	
工作幅宽（米）	2.6～2.8	3.9～4.2
施肥量（千克/公顷）	220～800	
施肥部位（厘米）	苗侧，6	
播种深度（厘米）	3～7，可调	
作业速度（千米/小时）	5～9	

2. 技术特点 2BFMQ-4/6 型免耕精密播种机适用性强、通用性好。更换工作部件和改变安装方式，既可耕整后播种又可免耕播种；既可垄作播种又可平作播种；还可以同时进行施肥、播种作业。播种单体组件采用了独立的平行四杆仿形机构；左、右限深轮可独立浮动仿形，仿形深度无级可调。播种量和施肥量可以分别通过改变侧变速箱链轮传动比来调节，在侧变速箱中按照表中的参考

值，操作更方便、快捷。

3. 适宜区域 本系列播种机可完成大豆、玉米等作物的精密播种作业，适合中等规模以上种植户选用。

四、纳迪 STARSEM FK 650/12 真空精量播种机

1. 主要性能 配套动力 100～250 马力，播种行距为 40～80 厘米可调，播种行数为 12 行。

2. 技术特点 该机真空盒是受国际法保护的专利，它将排种器和种子盘通过磁力吸引的方式合并到了一起，使真空室可以和种子盘一起旋转，不会因磨擦而影响密封性；双盘开沟器由耐磨铸铁制造，具有很好的耐磨性；半独立式限深轮能够很好地适应地表形状和土壤状态，使播种操作更为精准；液压行间距调整系统，使机架具有自动收缩功能，最小可以收缩到 3 米宽以方便运输；减速箱有 18 种速度，播种株距调整范围大。

3. 适宜区域 该播种机适宜完成平原区大豆、玉米等作物的精密播种作业，适合大规模种植户选用。

五、大平原（Great plain）YP8 免耕播种机

1. 主要性能 与 120 马力以上拖拉机配套，播种行距为 20～65 厘米可调，播种行数为 8 行，作业速度可达 8～10 千米/小时。

2. 技术特点 该免耕播种机结构紧凑，具有可靠性、高效率和操作方便的优点。该播种机为牵引式结构，通过两个地轮支撑播种机的重量并且驱动排种器和排肥器工作。在免耕条件下工作，通过前边的犁刀圆盘（波纹圆盘）将地面的杂草和秸秆切断，并且在土壤上开出一定深度的沟槽，由于使用了波纹圆盘，在土壤中形成了一定的扰动，使得沟槽中有一定的松软的土壤。紧接着后边的双圆盘开沟器在松软的土壤中重新开一个种肥沟，排种器将种子放到沟底，然后覆土镇压，形成上虚下实的种床条件。

3. 适宜区域 该播种机适宜完成平原区大豆、玉米等作物的精密播种作业，适合大规模种植户选用。

六、满胜 2BQMJ-9 免耕播种机

1. 主要性能 与 135 马力以上拖拉机配套，播种行距 30～70 厘米可调，播种行数为 9 行，作业效率 40～60 亩/小时。

2. 技术特点 该机排种盘由 1.6 毫米不锈钢制成，长期使用不会产生变形漏气的现象。同时适用于各种形状和颗粒大小的原种；气吸式排种，根据种子的大小和形状不同利用独特设计的调节装置可调整风量吸力和刮种器位置，使同一块种盘更大范围地适配各类种子；采用 V 型合垄镇压轮，将开沟器开出的种沟挤压，利用土壤侧壁紧紧夹住种子，使种子和土壤紧密接触形成毛细现象，满足种子生长对水分的需要。为了更好地保证播种质量，达到无漏播，在种管上特别设计了传感器，监控下种情况。

3. 适宜区域 该播种机适宜完成平原区大豆、玉米等作物的精密播种作业，适合大规模种植户选用。

第二节　大豆收获机械

一、麦赛福格森 MF-T7 联合收割机

1. 主要性能

项目	单位	技术参数值
脱粒系统类型		轴流式
脱粒滚筒直径/长度	毫米	700/3 556
凹板格筛面积/分离面积	米²	1.42/1.45
颖糠筛面积/籽粒筛面积	米²	2.34/1.97
粮箱容积	升	10 570
发动机功率（2 100 转/分）	马力/千瓦	300/230
燃油箱容积	升	605

2. 技术特点 采用横轴流滚筒，作物从割台到滚筒不改变喂

入方向，形成更平顺、均匀、持续的作物垫，流畅进入脱粒分离滚筒，减少对谷物的损伤，可实现 360°分离；两级清选系统采用加速辊技术实现更高的清选质量，同时消除对 23% 以下斜坡的敏感度，清选效率高；横置式滚筒位于收获机中心，粮仓的位置围绕滚筒进行设计，粮仓更大，位置更低，在坡地路面行驶时更稳定。麦赛福格森整机采用焊接组合机架，工作稳定可靠。

3. 适宜区域 该机适合农场以及大规模生产作业区域大豆等作物的收获作业。

二、凯斯 6130/7130 联合收割机

1. 主要性能 配套动力 240 千瓦（328 马力），割台宽度 7.32 米，液压式后轮转向节，净重 16.2 吨。

2. 技术特点 该收割机由凯斯公司（CASE）2012 年对轴流系列收割机升级改造而成，进一步提高了收获能力、舒适性和效率；轴流滚筒联合收割机具有较少的运动部件，因而提高了可靠性，减少了维护时间，降低了成本。采用多重脱粒、高效的、360°离心力分离和大清选系统；喂入、脱粒、分离、清选、粮箱容量等部分或性能设计精准，可以获得最好的产量，不会产生瓶颈或性能损失。

3. 适宜区域 适用于农场以及大规模生产作业区域大豆、小麦、水稻、玉米等作物的收获作业。

三、凯斯 5088/6088/7088 联合收割机

1. 主要性能

主要参数	5088	6088	7088
额定功率（马力/千瓦）	265/198	305/227	325/242
发动机排量（升）	8.3	8.3	9
燃油箱容积（升）	945	945	945

（续）

主要参数	5088	6088	7088
割台宽度（米）	6/7.6/9.1	6/7.6/9.1/10.7	6/7.6/9.1/10.7
滚筒直径（毫米）	762	762	762
粮箱容积（升）	8 810	10 570	10 570
卸粮速度（升/秒）	88	106	106
总清选面积（米^2）	5.1	5.1	5.1

2. 技术特点 采用单滚筒脱粒、分离，有利于提供清洁的工作环境；单个、直列滚筒产生轻柔彻底的脱粒效果，保证收获粮食破碎率低和具有较少外界杂质；喂入、脱粒、分离、清选、粮箱容量等部分或性能设计精准，可以获得最好的产量，不会产生瓶颈或性能损失。

3. 适宜区域 该系列联合收割机适用于各个农场以及大规模生产作业区域大豆、小麦、水稻、玉米等作物的收获作业。

四、约翰迪尔（John Deere）S660 联合收割机

1. 主要性能

主要参数	S660
额定功率（马力/千瓦）	325/239
发动机排量（升）	9.0
燃油箱容积（升）	945
割台宽度（米）	6.7/7.8
滚筒类型	轴流滚筒
滚筒直径/长度（毫米）	762/3 124
总清选面积（米^2）	4.9
分离面积（米^2）	1.54
粮箱容积（升）	10 600
卸粮速度（升/秒）	120

2. 技术特点　配备约翰迪尔 PowerTech PSX 发动机，可变几何涡轮增压，高压共轨，全电脑控制，峰值功率达到 365 马力，动力强劲，储备功率大，燃油消耗率低；具有生产效率高，收割效果好等特点。轴流滚筒可降低破碎率，分离损失低，清选系统总清选面积为 4.9 米^2，配有独有的多层筛设计，大功率清选风扇保证了清选效果，茎秆切碎效果好，残渣处理效果佳。用途广泛，动力强劲。

3. 适宜区域　适用于各个农场以及大规模生产作业区域收获大豆、小麦、水稻、玉米等作物。

五、约翰迪尔（John Deere）9670STS 联合收割机

1. 主要性能　采用 305 马力发动机、用途广泛、作业效率高。作业速度可达 10 千米/小时，作业效率约为 5 公顷/小时，收获作业总损失率不超过 0.1％，破碎率不超过 0.3％，脱粒清洁率超过 99％，满载（8.8 米^3）卸粮时间为 114 秒。

2. 技术特点　驾驶室里操作控制台和显示器可以随坐椅一起转动，提高了驾驶员的作业效率和舒适性。通过更换割台、凹板，以及进行一些必要的调整，还可收获其他作物。

3. 适宜区域　适用于农场以及大规模生产作业区域收获大豆、小麦、水稻、玉米等作物。

六、约翰迪尔（John Deere）W210 联合收割机

1. 主要性能

主要参数	单位	参数值
额定功率	千瓦/马力	116/158
喂入量	千克/秒	7
割幅	米	4.57/5.34
脱粒滚筒宽度×直径	米	0.61

（续）

主要参数	单位	参数值
脱粒滚筒宽度×直径	米	1.28
逐稿器分离面积	米^2	5.38
清选面积	米^2	4.3
粮箱容积	米^3	4.6

2. 技术特点　是美国约翰迪尔公司专有技术研制开发的一款大型的传统式联合收割机，它的脱粒分离机构采用切流滚筒加逐稿器和横向伸缩齿分离滚筒（WTS）组成的脱粒分离系统，较长的逐稿器使得谷物在机体宽度范围内全程进行充分分离；伸缩杆齿横向分离滚筒，强化分离作用，提高分离能力；动力消耗低，分离彻底，损失小。

3. 适宜区域　该机型以收获小麦、大豆、大麦为主，配置专用附件后还可收获水稻、玉米、油菜和草籽等，适用于规模较大的大豆种植区及各类农场。

七、福田雷沃 GE60 联合收割机

1. 主要性能

主要参数	单位	参数值
额定功率	千瓦/马力	98/134
喂入量	千克/秒	6
割幅	米	2.56
生产率	公顷/小时	0.5～101
脱粒分离方式		切流＋横轴流
粮仓容积	升	2.2
整机质量	千克	5 260～5 870
外形尺寸	米	6.8×2.96×3.44
粮箱容积	米^3	4.6

2. 技术特点 配套 133 马力发动机，采用加长脱粒分离滚筒，脱粒分离能力强，作业效率高；配装加宽过桥和加宽排草口，输送能力增强，不堵塞，作业速度快；清选室宽 920 毫米，通过加长加宽清选筛，清选面积达到了 2.3 米^2，清选能力大幅提升。拨禾轮可根据作物倒伏情况调节，收获倒伏作物效果更好；整机重量轻，节能环保；配装封闭式高位旋转卸粮筒，全嵌入式结构通过性好，液压控制翻转，在驾驶室内就能轻松完成卸粮工作。

3. 适宜区域 该联合收割机适用于中、大规模生产作业区域。

第二篇　油　菜

第一章　油菜高产栽培技术

第一节　油菜免耕直播高产栽培技术

一、技术概述

油菜免耕直播高产栽培技术较育苗移栽省去了育苗、拔苗、栽苗及浇定根水等环节，减少了劳动力投入，降低了劳动强度和生产成本，且没有缓苗期，在采取配套栽培措施条件下，直播油菜可获得与育苗移栽相当的产量。采用该模式每亩可减少用工2个。

二、技术要点

1. 安排好前茬作物　前茬作物不能安排生育期过长、成熟过迟的品种。

2. 品种选择　应选用早熟耐迟播、种子发芽势强、抗倒性好、主花序长、株型紧凑、抗病性强的双低油菜品种。

3. 大田准备　前茬抢晴收割后立即追施底肥并开好"三沟"，有墒或遇雨天立即播种。底肥慎用氨态氮，以免烧芽烧苗。

4. 种子处理及播种　长江流域适宜播期为9月20～30日，最迟不超过10月中旬。播种时每千克种子用过筛干土粪及15％多效唑可湿性粉剂 1.5 克（防止高脚苗）充分混匀，在田无积水、不陷脚时即可播种，一般亩用种 0.2～0.3 千克。如播后遇干旱天气，可沟灌抗旱促出苗，但严禁畦面漫灌。

5. 化学除草　根据上年田间杂草群落分布把好播前、播后苗前、苗期等三个除草关。

6. 肥料运筹　采取施足底肥、看苗施提苗肥、早施薹肥的原则。每亩可施用纯氮 15～18 千克、五氧化二磷 8～10 千克、氧化钾 8～12 千克、硼砂 1～1.5 千克。磷、钾肥及硼肥均用作底肥。50% 氮肥作基肥，腊肥或早春接力肥占 20%，薹肥占 30%，做到见蕾就施（薹高 3～5 厘米）。

7. 大田管理　直播油菜在 1～2 片真叶时可进行间苗定植，去小留大，去杂留纯；旺长田块应在 11 月中下旬每亩用 30～50 克多效唑 15% 粉剂对水 50 千克进行化学调控；如苗期叶色变黄，新叶出生慢，要结合墒情每亩追施尿素 3～6 千克提苗；做好抗旱防渍及病虫害防治工作。

8. 适时收获　适宜的收获期在油菜终花后 30 天左右。以全田有 2/3 的角果呈黄绿色、主轴中部角果呈枇杷色、全株仍有 1/3 角果显绿色时收获为宜。采用机械收获的田块其收获时间应推迟 3～5 天。油菜适宜收获期较短，要掌握好时机，抓紧晴天抢收。

三、注意事项

一是根据土壤肥力、水分状况确定适宜播种量。如土壤状况较差则应增加播种量。二是保证适宜的种植密度，一般以 2.5 万～3.0 万株/亩为宜。三是及时查苗，疏密补缺，宜早不宜迟。四是保证"三沟"畅通，并做好花期菌核病的防治。

四、适宜区域

在茬口允许的条件下，我国各油菜产区均可采用该项技术。

第二节 中稻—油菜轮作高产栽培技术

一、技术概述

长江流域是我国水稻及油菜的主产区，而稻—油轮作模式是该区的重要栽培模式。如前茬水稻收获时间较早，可采用翻耕栽培模式，如前茬水稻收获时间较迟，可采用免耕栽培模式。

二、技术要点

1. 选择适宜栽培模式 如前茬水稻腾茬早，且土壤墒情好，可选择直播栽培模式；如前茬水稻腾茬迟，则可选择育苗移栽模式。

2. 选择适宜品种 直播油菜应选用早熟耐迟播、种子发芽势强、春发抗倒、主花序长、株型紧凑、抗病性及耐渍性强的双低油菜品种。移栽油菜应选用分枝能力强、抗倒、抗病及耐渍性强的双低油菜品种。

3. 稻田整地 水稻收获前适时排水晒田，收获后抓住晴天及时耕翻坑土晒垡，切忌湿耕。耕翻后的土壤应耖细整平，开沟作畦。在土壤黏重、地势低洼、排水困难的田块，宜采用深沟窄畦。畦宽 1.5 米，沟深 0.25 米。如采用直播模式，则应趁土壤湿润进行翻耕，在土壤干湿适宜时进行耕耙保墒，要求达到土细土碎，厢面平整无大土块，不留大孔隙，土粒均匀疏松，干湿适度。厢宽一般为 2 米，沟深 0.2 米。

4. 适时播栽 长江流域移栽油菜的苗床一般在 9 月中下旬播种，10 月中下旬移栽；直播油菜一般在 9 月下旬播种。秋雨多或秋旱严重的地区，应抓住时机及时播种和移栽。同时考虑移栽油菜的苗龄及移栽期，与前茬顺利连接，避免形成老苗、高脚苗。

5. 确定适宜密度 移栽油菜密度以 0.8 万～1.0 万株/亩为宜，直播油菜密度以 2.5 万～3.0 万株/亩为宜。土壤地力差、肥料投入少的田块可适当增加密度，反之，则应适当降低种植密度。

6. 肥料运筹 一般每亩用肥量为纯氮 15～18 千克、五氧化二磷 8~10 千克、氧化钾 8~12 千克、硼砂 1~1.5 千克。磷、钾肥及硼肥在施底肥时一次施入。直播油菜的 50% 氮肥作基苗肥，腊肥或早春接力肥占 20% 左右，薹肥占 30%；移栽油菜的 60% 氮肥作基苗肥，腊肥或早春接力肥占 10% 左右，薹肥占 30%。

7. 大田管理 如叶色变黄，要结合墒情每亩追施尿素 3~5 千克提苗；及时做好抗旱防渍及病虫草害防治工作。

8. 适时收获 适宜的收获时间在油菜终花后 30 天左右。以全田有 2/3 的角果呈黄绿色、主轴中部角果呈枇杷色、全株仍有 1/3 角果显绿色时收获为宜。采用机械收获的田块其收获时间应推迟 3~5 天。油菜的适宜收获期较短，要掌握好时机，抓紧晴天抢收。

三、注意事项

一是严格控制厢沟配比，做到深沟窄厢。二是移栽油菜要培育壮苗，直播油菜做到一播全苗、匀苗。三是根据天气预报抢时播栽。四是预防渍害，并做好花期菌核病的防治。

四、适宜区域

长江流域单季稻（一季晚稻除外）区可采用该项技术。

第三节 丘陵坡地油菜高产栽培技术

一、技术概述

丘陵坡地油菜主要分布在我国南方山区，是玉米、马铃薯、烤烟的主要后续作物，近年来种植面积不断扩大，已成为我国油菜新的增长点之一。该区域人均耕地面积较大，劳动力不足，土壤肥力相对较差，油菜全生育期基本无灌溉条件。高产高效栽培技术重点是选用耐瘠薄、耐粗放管理的稳产油菜品种，采用免耕机播、跟牛点播等技术抢墒播种，精量播种，化学除草，一次性定苗简化田间管理环节，降低劳动力投入，重施底肥和种肥、早施提苗肥培育壮苗，及早防治蚜虫提高防治效果等技术环节。

二、技术要点

1. 品种选择 选择早熟、耐旱、耐瘠薄、耐粗放管理、苗期长势强的品种。苗期长势旺盛，实现提前封行，增加地表覆盖，增强抵御干旱能力。

2. 施足底肥 前作收获后，油菜播种前，每亩撒施拌过磷酸钙 30 千克的农家肥 1 000～1 500 千克作为底肥。

3. 抢墒早播 油菜种子发芽以土壤含水量 20%～25%、田间最大持水量 70%～80%为宜。根据土壤墒情，在 9 月 20 日至 10 日 10 日前抢墒播种，利用秋季的少量雨水保证全苗。

4. 精量播种、合理密植 采用免耕栽培，打塘点播、开沟点播或跟牛点播，行距 25～30 厘米、株距 30～40 厘米，每亩 5 500～6 000 塘，最后每塘留苗 2～3 株，种植密度为 1.2 万～1.8 万株/亩。每塘播种 8～10 粒，每亩播种量控制在 250 克以内。播种时每亩施氮、磷、钾比例为 10∶10∶10 的三元复合肥 15 千克，优质硼肥 0.5～1.0 千克或硫酸钾 10 千克、尿素 10～15 千克作种肥，注意播种和施化肥分开进行，以防烧芽，播种后用细农家肥或细土盖塘。有条件的产区可采用机械播种，种植规格相同。

5. 苗期管理 油菜出苗、子叶展平时，及时用溴氰菊酯防治跳甲 1 次，以免造成缺苗断垄。

油菜 4～5 片真叶时，一次完成定苗，每塘分散留苗 2～3 株，确保密度达到 1.2 万～1.8 万株。土壤肥力较高的田块留苗宜稀一些。

油菜定苗后，根据土壤肥力，每亩施尿素 10～20 千克提苗。土壤肥力高、油菜叶色绿的宜少施。施肥方式以对水浇施为佳。若无条件浇施，应在下雨天施于塘中，用土覆盖。硼肥施用不足的田块结合这次追苗施硼砂 0.2～0.3 千克。

对于蕾薹期长势弱、叶片向上伸展、无光泽、叶柄硬、薹色过早现红、外层叶色发红的脱肥油菜苗，在薹高 10～15 厘米时补追尿素 10~15 千克。要求在油菜叶面上无水时施肥，切忌早晨露水未干时追施。

6. 喷施叶面肥 开花期，每亩用 200 克磷酸二氢钾对水喷施油菜 1~2 次，提高油菜结实率和抗旱性。

7. 及早防治蚜虫 山地油菜的主要虫害是蚜虫。清除田间及附近杂草，结合间苗定苗或移栽，除去有蚜株控制蚜虫发生。在苗期有蚜株率达 10%、虫口密度为每株 1~2 头、抽薹开花期 10% 的茎枝花序有蚜虫、每枝有蚜虫 3~5 头时及时进行药剂防治。以一定区域内统一防治，交替使用烯啶虫胺和吡虫啉防治效果最佳；花角期防治蚜虫时采用分堵防治和统防统治技术，不留死角，保证防治效果。

三、注意事项

一是选用耐瘠薄、耐粗放管理的稳产油菜品种。二是适期播种，避免花、荚期冻害。三是注意一次性定苗简化田间管理环节。四是要重施底肥和种肥、早施提苗肥培育壮苗。

四、适宜区域

南方丘陵坡地油菜种植区。

第四节 油菜全程机械化生产技术

一、技术概述

油菜机械化生产技术主要包括机械播种和机械收获两个主要环节，还要做好合理密植、平衡施肥、化学除草、熟期调控、适时收获等工序。发展油菜机械化生产，既有利于减轻劳动强度，提高劳动生产率，降低生产成本，促进农业增产，农民增收，又能实行秸秆粉碎还田，减少了秸秆焚烧带来的环境污染。该技术有利于加快油菜区域化、规模化种植的步伐，促进我国油菜生产，推进农业现代化的进程。

二、技术要点

1. 选择适合机械化生产的品种 宜选用产量高、抗病、抗裂角、株高 165 厘米左右、分枝少、分枝部位高、分枝角度小、偏早熟、花期集中便于机械收获的品种，如中双 11、油研 10 号、秦优 7 号、浙油 50、蓉油 16 等。三熟制地区应选用早熟品种。

2. 适期播种 根据长江流域常年油菜直播的实际情况，播种期宜在 9 月中下旬至 10 月上旬，提倡适期早播提高油菜产量。三熟制地区播期宜在 10 月底之前。

3. 机械直播

（1）播种前准备。正式作业前，在地头试播 10～20 米，调试播种及施肥的协调性。

（2）抢墒播种。播种前喷施化学除草剂封闭土壤，土壤含水量 30%～40%有利于播种和出苗。种子与油菜专用肥 25 千克/亩机械条播，行距为 40 厘米，播种深度 1.5～2.0 厘米。播种机械推荐选用 2BFQ-6 型油菜精量直播机，同时完成灭茬、旋耕、开沟、施肥、播种、覆土工序。

4. 合理密植 每亩用种 0.2～0.25 千克，免耕条播或机械耕耙后条播，确保基本苗达到 2.0 万～2.5 万株/亩，减少后期补苗、间苗的用工量。

5. 合理施肥 最好用油菜专用配方肥或缓释肥（N：P：K＝16：16：16）。机械播种时重施基肥，每亩施复合肥 50 千克和尿素 5 千克、硼砂 1～1.5 千克；5 叶期亩施苗肥 4～5 千克；12 月下旬至元月上旬施用腊肥，亩施复合肥 18 千克或尿素 6 千克＋过磷酸钙 15 千克＋氯化钾 8 千克。为防止花而不实，在花蕾期每亩用 50 克硼肥对 50 千克水混合喷施。

6. 田间管理

（1）化学除草。如油菜播前未喷封闭除草剂，播种后 2 天用 50%乙草胺乳油 60 毫升对水 40 千克喷施。油菜苗后，在一年生禾本科杂草发生初期（3～5 叶期），用烯草酮乳油（有效成分 120

克/升）30～40 毫升/亩茎叶喷雾。

（2）早间苗、定苗。在 3 叶期前及早间苗，对断垄缺行田块，尽早移栽补空，4～5 叶期前后定苗，11 月中下旬每亩用 30～50 克多效唑 15％粉剂对水 50 千克喷施促壮苗。

（3）清沟排渍。春后及时清沟排渍，使流水通畅，田间无渍水。

（4）病虫害防治。冬前主要防治虫害，花期防治菌核病。用 10％吡虫啉可湿性粉剂 10～15 克防治蚜虫，防治菜青虫可用吡虫啉等药剂。密植油菜要注意防菌核病，初花期 40％菌核净可湿性粉剂防治菌核病一次，7～10 天后再防治一次，从下向上喷雾油菜中下部叶片。

7. 调节成熟期　采用植物生长调节剂调控油菜成熟期，一般在油菜种子蜡熟期喷施乙烯利等催熟剂，可达到一次收获的目的。

8. 适时收获　应在油菜完熟期进行机械收获。全田油菜冠层微微抬起、主茎角果全部变黄、籽粒呈固有颜色、分枝上角果约有 90％以上呈枇杷黄、倒数第二至三个以上分枝籽粒全部变黑时机收。最佳收获时间是早、晚或阴天，应尽量避开中午气温高时收割，减少收获损失。

三、注意事项

油菜机械化生产，一是注意机械直播全苗，合理密植，提升一次分枝高度、减少分枝数，降低结角层厚度，促进油菜角果成熟一致性。二是优化肥料运筹，氮肥前移，春后不施氮肥，以免推迟收获时期，影响后作生产。三是花期防治菌核病。四是掌握适宜收获时期，降低机械收获损失率。

四、适宜地区

长江流域油—稻（旱作）两熟或稻—稻—油三熟制油菜产区，选择地势平坦、适合机械操作、排灌方便的田块种植。

第五节　北方春油菜高产高效栽培技术

一、技术概述

北方春油菜区中海拔 2 800 米以下的地区，大面积推广种植高产优质甘蓝型杂交油菜品种，从品种选择、播种、合理密植、有效施肥和病虫害防治等方面，规范应用油菜丰产栽培技术，可有效提高油菜单产，改善油菜品质，同时降低生产成本。采用该技术模式比常规种植技术提高单产 5% 以上，降低生产成本 8%。

二、技术要点

1. 优选品种　选择双低杂交春油菜品种。

2. 适时早播　3 月下旬播种，播深 3～4 厘米，行距 30 厘米；播后镇压。

3. 田间管理

（1）科学施肥。亩施有机肥 2～3 米^3、磷酸二铵 15～20 千克、尿素 8～12 千克、钾肥 5 千克。苗期追肥以尿素为主，在油菜 3～5 叶期，追肥 3～5 千克。

（2）合理密植。油菜 3～5 叶期一次性间苗定苗，亩保苗 1.5 万～2 万株为宜。

（3）病虫害防治。播种前用有效的化学农药（毒死蜱、噻虫嗪等）拌种，防治苗期害虫跳甲、茎象甲等，苗期、蕾薹期、花期用有效化学农药防治跳甲、茎象甲、小菜蛾、油菜角野螟等害虫。油菜初花期、盛花期用有效化学农药（咪鲜胺锰盐）各喷施一次，防治油菜菌核病。

三、注意事项

一是注意选用高产优质抗逆性强的春油菜杂交种。二是油菜花期鼓励蜂农在大面积连片的油菜田放蜂，提高杂交油菜中不育株的结实率，进而提高产量。三是要掌握好病虫害的防治时间。

四、适宜区域

青海、甘肃海拔 2 800 米以下春油菜种植区。

第六节　西北地区麦后复种早熟油菜
高产栽培技术

一、技术概述

麦后复种早熟油菜技术，是在小麦（青稞）收获后到严冬前 2～3 个月的农田空闲期，种植以收优质油菜籽为目的的早熟优质油菜，无茬口矛盾，不影响粮食生产，同时收获一定量的优质油菜籽。这种技术可提高土地、光、热、水等资源的利用率，增加油料作物播种面积，进而增加农民收入。

二、技术要点

1. 优选品种　特早熟优质甘蓝型油菜或早熟优质白菜型油菜。

2. 适期播种　7 月中下旬麦收后 3～5 天或在麦收前 5～7 天麦林套播。麦收后播种方式：旋耕机浅翻，耕深 15 厘米左右，种子与种肥、沙土混匀后撒播；麦林套播：麦黄水灌溉后 1～2 天将油菜种子撒播于田间。播量：1～1.5 千克/亩。

3. 田间管理

（1）科学施肥。亩施 10～15 千克磷酸二铵作为基肥，苗期追施尿素 4～5 千克。

（2）合理密植。油菜 3～5 叶期一次性间苗定苗，密度为 8 万～10 万株/亩。

（3）病虫害防治。播前土壤表面用杀虫剂喷雾处理，种子处理用 70% 噻虫嗪可分散粉剂拌种。苗期和蕾薹期用 22% 噻虫嗪·高氯微胶囊悬浮-悬浮剂分别叶面喷雾 2 次，有效防治蚜虫和小菜蛾。

三、注意事项

一是注意选用高产优质抗逆性强的特早熟甘蓝型油菜或早熟优质白菜型油菜。二是复种选择在具有灌溉条件的地区。三是要掌握好播期，冬麦收获早的地区采取麦收后抢时播种，收获较晚的春麦区采取麦收前 5～7 天结合灌溉麦黄水进行套播。四是掌握好病虫草害的防治时间。

四、适宜区域

北方热量条件较好的冬麦或春麦（青稞）种植区。

第七节 北方旱寒区冬油菜高产栽培技术

一、技术概述

北方旱寒区是我国近年发展起来的新冬油菜区，主要特点是气候严寒，降雨稀少，蒸发量大，风沙天气多，冬季漫长，自然条件严酷。冬油菜较春播油菜产量高、含油率高，而且成熟早，收获后可复种玉米、水稻、大豆、向日葵、马铃薯、蔬菜等作物，提高复种指数与经济效益。同时，在冬春季对土壤具有良好的覆盖效果，可显著增加北方地区冬春季植被覆盖度，具有显著的生态效益。

二、技术要点

1. 选好品种 选择抗寒性强、苗期生长较缓慢的强冬性品种。一般以陇油 6 号、陇油 7 号、陇油 8 号为主栽品种，搭配种植陇油 9 号等品种。

2. 药剂拌种 采用毒死蜱、灭幼脲拌种防治黑缝叶甲；采用农用链霉素、菜丰宁粉剂拌种防治软腐病。

3. 科学施肥 每亩施农家肥 4～5 米^3、纯氮 10～13 千克、五氧化二磷 8 千克（折合尿素 20～25 千克，过磷酸钙 41～55 千克），或磷酸二铵 15～21.7 千克。磷肥全部作底肥，1/2 氮肥作种肥，

1/2 氮肥作追肥。旱地追肥可通过雪上追肥、返青前追肥等方式进行；水地追肥可结合冬前灌溉或雪上追肥、返青前追肥等方式进行。薹花期可喷施硼肥，喷施浓度为 3‰ 左右，花期喷施磷酸二氢钾溶液 1～2 次，喷施浓度为 4‰ 左右。喷施追肥时间最好在下午 5～6 时，也可与农药配合施用。

4. 适时早播　陕北、宁夏、甘肃、青海、晋中 8 月中旬播种为宜，北京周边地区、新疆 9 月上旬播种为宜。

5. 合理密植　亩播量为 0.3 千克左右，出苗后 2 片真叶时间苗、3 片真叶时定苗。定植密度以每亩 4 万～6 万株为宜，密度过大或过小均影响冬油菜壮苗和安全越冬。

6. 灌溉与保墒　有灌溉条件的地方，越冬前灌一水、翌年返青后灌二水，开花期灌三水。终花期酌情灌水，以免发生倒伏，贪青晚熟。结合灌水，可酌情追肥。旱地越冬期进行耙糖镇压保墒。

7. 防治病虫害　返青后立即防治油菜黑缝叶甲。进入花期后，会发生潜叶蝇、小菜蛾、蚜虫等害虫，可选用 80% 敌敌畏乳油、25% 氧乐·菊酯 1 000～1 500 倍液或 2.5% 氯氟氰菊酯乳油 2 000～2 500 倍液喷雾防治，喷药液量 20 千克/亩。蚜虫可用 40% 乐果乳油 1 000～1 500 倍液喷雾防治。

8. 适时收获、脱粒　冬油菜以油菜角果 70% 左右蜡黄时收获为宜，油菜收割后一般堆放 5～7 天，即可脱粒。脱粒后的油菜籽必须清除杂物，并充分干燥后在低温下入库，可采用散放或袋装堆放。

三、注意事项

一是播期必须掌握准确，不可迟播，也不宜太早播种。二是间苗要掌握宜早不宜迟的原则，最好在 2～3 片真叶时间苗，在 4 片真叶前必须完成间苗。三是必须施足底肥，确保越冬期养分需求。

四、适宜区域

新疆、甘肃、青海、陕北、宁夏及北京周边地区。

第二章 油菜生产防灾减灾技术

随着全球气候变化，油菜生产灾害频繁发生。其中，干旱、涝渍、低温冻害及油菜菌核病在不同年份、不同地区单独或交错发生，并已成为影响我国油菜单产和稳产的重要因素之一。有些地区土壤肥力和农业基础设施条件较差，且油菜生长周期长，抗灾能力弱，严重影响了我国油菜的产量、品质及市场竞争力。基于此，提出以下几种油菜生产防灾减灾技术应急预案。

第一节 干　　旱

对油菜而言，各产区秋季、冬季、春季均可能发生干旱危害而影响产量。秋季是油菜播种出苗、保全苗的关键时期，此期若遇干旱可导致油菜播种（栽）困难、种植面积下降，直播油菜出苗缓慢、出苗率急剧下降、不但密度不能达到高产要求且个体发育差，移栽的油菜则返青缓慢、年前长势差。冬季是油菜花芽分化和营养体（叶片、茎秆、根系）生长期，此期若遇干旱可导致分枝及花芽分化显著较少、花期缩短，单株角果数下降。春季是油菜营养生长与生殖生长两旺的时期，也是油菜一生中的需水"临界期"，此期若遇干旱可导致油菜营养生长与生殖生长的矛盾加大，花期缩短，且硼吸收困难，易造成花而不实，产量和含油率显著降低。

应对措施：

1. 选择适宜播栽期与密度　易发生秋旱且没有灌溉条件的田块，优先选用育苗移栽模式，并根据天气预报选择适宜移栽期。如移栽期推迟，可在8 000～12 000株/亩的范围内逐渐增加移栽密度。如采用直播模式，可预先将田地整理完成并施入底肥，根据天

气预报在雨前抢时播种。如播种期移栽期推迟，可在 0.25～0.35
千克/亩的范围内逐渐增加播种量。

2. 灌溉抗旱 随时关注天气预报，灌溉抗旱。移栽或直播田块在秋旱发生时可沟灌抗旱，但切忌漫灌上厢，否则将导致土壤板结，移栽油菜发根困难，直播油菜出苗率下降。冬、春旱发生后漫灌抗旱，但应及时排出田间积水，以防烂根。有劳力的农户可在灌溉后浅锄，松土除草，以保蓄水分和防止板结。

3. 稻草还田 育苗移栽田块可在移栽后，于行间覆盖 400 千克/亩左右的稻草；直播油菜田块在播种后可覆盖 400～600 千克/亩稻草，且播种量可增加至 0.3～0.4 千克/亩。这可减少土壤水分蒸发、保持根层土壤的湿润、确保种植密度，降低秋、冬、春旱危害。

4. 查苗补缺 有死苗的田块如季节允许，应做好查苗补缺工作，保证田间种植密度。

5. 喷调节剂 旺长田块可喷施矮壮素等生长抑制剂能抑制地上部生长、促进根系发育，增强抗旱能力。干旱发生后叶面喷施 1 000～1 200 倍液的黄腐酸也可减轻灾害造成的损失。

6. 追肥促苗 灾后可在雨前或结合灌溉每亩追施尿素 5～7.5 千克、氯化钾 5 千克提苗，促进苗情转化。

7. 喷施硼肥 发生冬、春旱的田块，可结合病虫防治在蕾薹期喷施硼肥，增加硼肥吸收，防止花而不实。

8. 加强病虫草害防治 干旱发生后，油菜抗病性下降，田间杂草增加，应加强病虫发生测报，做好防治工作，减轻次生灾害发生。

9. 改种 灾情严重田块可及时改种其他作物。

第二节 渍 害

我国长江流域油菜产区，在秋、春生长季节有时连阴雨长达半月，导致土壤含水量过高、通气不良，油菜根系发育受阻，植株体内代谢紊乱并产生大量有害物质，地上部生长缓慢甚至死苗。在秋季，播种出苗至 3 叶期的直播油菜在遭受渍害时，易导致出苗率下降、死苗严重而影响最终产量；育苗移栽油菜在遭受渍害时，易形成僵苗而影响产量。蕾薹期与花期对渍害最为敏感，在春季长时间的连阴雨而产生的渍害可导致油菜产量与含油量大幅度下降。同时，因为土壤含水量过高，导致田间湿度偏高，有利于病菌繁殖和传播，易引发渍害次生灾害。

应对措施：

1. 开沟作厢，清沟排湿　油菜田块要求做到"三沟"配套，沟深达到 25 厘米左右，厢宽以 1.5～2 米为宜，对降低秋、春渍害均有显著作用。秋、春渍害发生后均应及时清沟排湿，以降低田间湿度。

2. 选择适宜播栽期与密度　适期早播、加强管理、增施磷钾肥，以培育壮苗、增强耐渍性。易发生秋、春渍害的田块，均应适当增加移栽密度至 10 000～12 000 株/亩或增加播种量至 0.35 千克/亩，以密保产。

3. 查苗补苗　秋季渍害发生后有死苗的田块，如季节允许应做好查苗补缺工作，保证田间足够的种植密度。

4. 及时中耕　秋、春渍害发生后，耕松土、除草，破除板结、培土壅根，既可防止倒伏，又可增加土壤通气性、防止烂根、促进根系恢复生长。

5. 及时追肥　灾情发生后，可每亩追施尿素 5～7 千克、氯化钾 3～4 千克，促进油菜快速恢复生长。

6. 喷施硼肥　春季渍害发生的田块，可结合菌核病等的防治在蕾薹期喷施硼肥，增加硼肥吸收，防止花而不实。

7. 加强病虫草害防治　渍害发生后，油菜抗病性下降，田间杂草增加，应加强病虫发生测报，做好防治工作，减轻次生灾害发生。

8. 改种　灾情严重田块，要及时改种其他作物。如改种效益低下，则应及时做好下茬作物的播栽准备。

第三节　冻（冷）害

油菜是越冬作物，当日平均气温降至5℃以下时，油菜停止生长；当降至0℃时，细胞间隙的水首先结冰，会造成轻微冻害；当气温短时间在-3～-5℃时，细胞内也开始结冰，导致细胞脱水凝固而死，则叶片表现出明显受冻症状，如-3～-5℃的低温时间达到24～36小时，油菜冻害率可达20％～30％。就油菜而言，抽薹以后抗寒性明显下降，只要出现0℃以下的低温，会造成花器脱落，阴果增多，蜜蜂传粉受阻，结实率下降，因此后期结果率降低，产量随之降低。

应对措施：

1. 适期播栽　选用当地审定的双低品种适期早播，加强管理、培育壮苗，增强油菜抗寒能力；防止小苗、弱苗及早薹早花；合理施用氮、磷、钾肥，保持生长稳健，增强植株的自身抗寒能力。播栽较早以及肥水条件较好的田块应适当降低移栽密度与播种量，反之则应适当增加。生长过旺田块可用100～200毫克/千克多效唑适度抑制。

2. 摘除早薹早花　及早摘除早薹早花，既可抑制主茎发育进程，规避低温冻害，又可促进养分向分枝转运，促进分枝发育。

3. 行间覆盖　低温来临前，可用稻草、谷壳等覆盖行间，通过覆盖增温减轻冻害危害。

4. 摘除冻薹　冻害发生后在晴天及时摘除冻薹，促进基部分枝的生长以减轻冻害的影响。

5. 及时追肥　冻害发生后可每亩及时追施尿素5～7千克，促进油菜恢复生长。

6. 清沟壅土　根系发生冻害的田块，及时清沟壅土可减轻冻害对根系的伤害，降低田间湿度，促进根系发育。

7. 加强病虫害防治　冻害发生后，油菜抗病性下降，应加强病虫发生测报，做好防治工作，减轻次生灾害发生。

此外，收获期如果遇上连续阴雨天，油菜籽粒轻则发生霉变，重者则会发芽、腐烂，严重影响产量和品质。应及时关注天气预报，尽量抢在阴雨来临前收割。收割后如有连阴雨，需选择晒场较高的干燥处堆积，并采用塑料布防雨，但要适当排气散热，后熟5～7天后，及时抢晴天拆垛摊晒，碾打脱粒。

第四节　主要病害

1. 菌核病

（1）症状及危害。菌核病是威胁油菜生产的主要病害，严重发病时减产高达70％以上。从苗期到近成熟期都可发病，以开花期后发病最盛，叶、茎、荚都可被害，以茎部被害损失最重，严重时造成茎腐，植株枯死，结荚不实，后期倒伏，造成严重减产。茎上病斑初期呈浅褐色水渍状，后变成灰白色，湿度大时，病部软腐，表面生出白色絮状菌丝，茎内空心，皮层纵裂，维管束外露呈纤维状，茎易折断。剖开病茎可见黑色鼠粪状菌核。叶片上病斑呈水渍状黄褐色，高湿时产生白色絮状菌丝，病斑中部在干燥时常破裂穿孔。花瓣极易受害，病斑也为水渍状黄褐色。病花瓣落在叶片或茎秆上，造成叶片或茎秆的感染。角果受害变成白色，内部可产生黑色小菌核。

（2）农业防治措施。首先是减少越冬菌源，在油菜收获后，清除田间带病菜秆集中烧毁，降低田间菌核残留量，减轻病害发生；其次是实施水旱轮作，在水稻移栽前捞出水面漂浮的菌核；再次是种植杂交抗病油菜品种，在油菜生产上，选用由正规种子公司生产的杂交油菜良种；还有就是深沟高厢降低田间湿度，油菜种植田块要求深沟高厢栽培。水稻收前开好排水渠，放干田间渍水。水稻收获后根据田块大小，开好主沟、背沟、围沟。大田开好十字沟，沟深要求60厘米以上，做到雨停沟干无渍水；培育壮苗早栽、规范化栽培、合理密植、合理施肥也是防治该病的有效措施。

（3）化学防治方法。在做好农业防治的前提下，药剂防治的重点应根据油菜长势，施药时期自油菜盛花期叶病株率达 10％以上，茎病株率 1％左右开始防治，可选用 30％菌核利可湿性粉剂 1 000～3 000倍液喷雾；70％甲基硫菌灵可湿性粉剂 500～1 500倍液或 50％硫菌灵可湿性粉剂 500～1 000倍液喷雾；50％多菌灵 500～1 000倍液喷雾，视病情施药 1～3 次，每隔 7～10 天一次。

2. 根肿病

（1）症状及危害。根肿病在四川、云南、安徽和湖北油菜产区为害严重，也广泛分布于我国十字花科蔬菜的主产区，而且发病面积逐年迅速增加。该病属土传和种传病害，病菌休眠孢子能在土壤中存活 10 年以上，病害一旦传入，单一防治技术很难有效控制。一旦染病，根部发生肿瘤造成烂根，严重影响水分和养分的正常吸收，从而造成油菜严重减产。油菜根肿病自苗期开始发生，主要侵染根部。发病初期地上部分的症状不明显，以后生长逐渐迟缓，且叶色逐渐淡绿，叶边变黄，植株矮化，并表现缺水症状不明显。苗期感病，肿瘤主要发生在主根。成株期感病肿瘤多发生在侧根和主根的下部。主根的肿瘤体积大而数量少，而侧根的肿瘤体积小而数量多，肿瘤发生初期表面光滑，呈乳白色胶体状，后期龟裂而且粗糙，最后腐烂。

（2）农业防治措施。一是实行 5 年以上的水旱轮作或与非十字花科作物轮作。二是调节土壤酸碱度，亩用消石灰 100～150 千克均匀撒施于土表，通过整地充分拌于土中。三是加强栽培管理，坚持深沟高厢，及时排除田间积水。四是及时拔除、销毁病株。发现病株，及时拔除，并采取高温煮或晾干后统一烧毁，绝不能将病株留于田中或丢在其他区域，防止病菌更大面积的蔓延。五是用无病菌土壤育苗，在没有病菌的田块育苗，6～8 叶期带土移栽。

（3）化学防治方法。一是用 10％氰霜唑悬浮剂进行种子消毒处理。播种前用 55℃的温水浸种 15 分钟，再用 10％氰霜唑悬浮剂 2 000～3 000倍液浸种 10 分钟。二是使用 10％氰霜唑悬浮剂进行育苗苗床土壤消毒处理。对苗床精细整地，然后按照标准进行播种，用 10％氰霜唑悬浮剂 1 500～2 000倍药液充分淋土（淋土深度

15厘米以上），等油菜苗长到4叶期后移栽。此方法基本能够达到控制苗床上的油菜苗不受根肿病为害的目的；三是使用50％氟啶胺悬浮剂进行大田土壤处理。先对大田进行翻耕整地（深度15～20厘米），把土粒整碎，每亩用50％氟啶胺悬浮剂500倍液对土壤表面喷雾（或对种植穴内的土壤喷雾），待土壤风干后用旋耕机将土壤上下混匀（深度15厘米左右），使药剂在上下15厘米的土壤中均匀分布，使土壤中的根肿病病菌与药剂接触，同时让药剂与长出的植株根系接触，混土越均匀土粒越细防治效果越好，然后用经过10％氰霜唑悬浮剂处理过的油菜苗进行移栽定植，此方法基本能够控制移栽大田中的油菜苗不受根肿病为害；四是使用10％氰霜唑悬浮剂进行大田浇土灌根处理。对大田进行翻耕整地（深度15厘米左右），把土粒整碎，用经过10％氰霜唑悬浮剂处理过的油菜苗进行移栽定植，然后用10％氰霜唑悬浮剂1 500～2 000倍液在移栽苗周围（直径15～20厘米内）浇土（要浇透，淋水深度达到15厘米），要求每株苗达到250毫升的药液量，此方法也能在油菜苗移栽后的生育期内进行，基本能够控制根肿病；五是在生育期中用10％氰霜唑悬浮剂进行灌根处理。对未经过苗床10％氰霜唑悬浮剂处理，也未经过大田50％氟啶胺悬浮剂处理，已经移栽的大田油菜苗，在定植活棵后，立即用10％氰霜唑悬浮剂灌根处理，用10％氰霜唑悬浮剂1 500～2 000倍液对油菜苗灌根，并在移栽苗周围（直径15～20厘米内）浇土（要浇透，淋水深度达到15厘米），要求每株苗达到250毫升药液量，对发病初期的油菜苗也可以参照上述方法进行补救，可起到减轻病害的作用。

　　注意：50％氟啶胺悬浮剂对根肿病菌非常敏感，在土壤中药效稳定，但在较高浓度下对油菜幼苗根系生长有影响，因此不宜作灌根等集中式施药，也不宜在苗期使用，适宜在移栽大田采取对土壤喷雾后进行混土的处理办法。10％氰霜唑悬浮剂对根肿病菌也非常敏感，对作物及根系非常安全，但在土壤中降解速度较快，因此适宜作灌根、淋（浇）土等集中式施药，推荐用于苗床防治油菜苗的根肿病。

第五节　主要虫害

1. 蚜虫

（1）为害。为害油菜的蚜虫主要有萝卜蚜和桃蚜两种，这两种蚜虫都以成、若蚜密集在油菜叶背、茎枝和花轴上刺吸汁液，破坏叶肉和叶绿素。苗期叶片受害卷曲、发黄、植株矮缩、生长缓慢，严重时叶片枯死。油菜抽薹后，多集中为害菜薹，形成"焦蜡棒"，影响开花结荚，并使嫩头枯焦。桃蚜、萝卜蚜一年发生多代。两种蚜虫在冬季田间（油菜等十字花科蔬菜）都有发生，秋季迁入油菜田。盛期一般是在 10～11 月中旬，因此，油菜播栽越早，从其他作物上（十字科等）迁飞来的蚜虫越多，受害就越重。萝卜蚜由于适温范围比桃蚜广，故秋后油菜上以萝卜蚜居多，而春季又以桃蚜居多。如果秋季和春季天气干旱，往往能引起蚜虫大发生；反之，阴湿天气多，蚜虫的繁殖则受到抑制，发生危害则较轻。

（2）防治方法。防治油菜蚜虫，应以药剂防治为主。应抓住两个时期施药：第一个时期是大田的现蕾初期；第二个时期在油菜植株有一半以上抽薹高度达 10 厘米左右。但这两个时期也要看蚜虫数量多少决定是否施药，尤其是结荚期应注意，如蚜虫发生数量较大，仍要施药防治。药剂可选用 10％吡虫啉可湿性粉剂 2 000 倍液、50％抗蚜威可湿性粉剂 3 000～5 000 倍液、20％氧乐果乳油 1 000～2 000 倍液、2.5％氯氟氰菊酯乳油 2 000～4 000 倍液等喷雾防治。

2. 甲虫类

（1）为害。跳甲又称跳格蚤，为害油菜的主要是黄曲条跳甲和猿叶甲。成虫、幼虫都可为害。油菜幼苗期受害最重，叶常常被食成小孔，造成缺苗毁种。成虫善跳跃，高温时还能飞翔，中午前后活动最盛。油菜移栽后，成虫从附近十字花科蔬菜田转移至油菜上为害，以秋、春季最重。

（2）防治方法。跳甲和猿叶甲可一并防治，重点防治跳甲兼治猿叶甲。药剂可选用40％毒死蜱乳油800～1 000倍液、20％丁硫克百威乳油800～1 000倍液、90％晶体敌百虫1 000～2 000倍液、80％敌敌畏乳油1 000～1 500倍液等喷雾防治。

第六节　主要草害

冬播油菜田杂草的发生种类与麦田基本相同，其前茬有旱茬和稻茬两种，一般稻茬田田间杂草数量比旱茬田多。旱茬油菜主要杂草有猪殃殃、麦仁珠、婆婆纳、小藜、播娘蒿、荠菜、遏兰菜、离蕊芥、早熟禾、野燕麦、扁蓄、麦瓶草、刺儿菜、小旋花等，部分地区野燕麦危害严重。稻茬油菜主要杂草有看麦娘、日本看麦娘、硬草、早熟禾、棒头草、猪殃殃、牛繁缕、雀舌草、大巢菜、碎米荠、荠菜、婆婆纳、稻槎菜等，以看麦娘发生危害最重，部分地区硬草、早熟禾危害也较严重。

由于油菜田春后长势旺盛，生长速度快，只有大巢菜、猪殃殃、野燕麦等少数几种杂草能对油菜生产造成较大的影响，多数杂草因油菜植株的荫蔽而自然消亡。除极少数油菜长势较差的迟播迟栽田块以外，春季田间萌生的杂草对油菜生长的影响很小，可不予处理。杂草的防除应在应用各项农业措施的基础上，依据油菜种植方式及油菜田杂草主要群落特点，选用适宜的除草剂品种和配方，重点把握在秋冬季开展防除。

1. 苗床或直播田播后苗前化除　由于杂草危害时间短，且油菜苗种群优势容易形成，只需保证油菜苗早期安全生长。因此，每亩可选用60％丁草胺乳油75～120毫升、50％杀草丹乳油200～250毫升或48％甲草胺乳油200～250毫升，对水40～45千克手动喷雾，于油菜播后苗前进行防除。

2. 播栽前化学灭茬　对板茬油菜，应在油菜播栽前，对前茬作物收割后田间已萌发的杂草或前茬再生植株，用灭生性除草剂防除。每亩可选用41％草甘膦水剂100～150毫升对水30千克手动喷雾防除。

3. 播栽期土壤处理 对以日本看麦娘等禾本科杂草为主的油菜田，每亩可选用 48％氟乐灵乳油 100～150 毫升于油菜播栽前 3～5 天施药、拌土；或选用 65％精异丙甲草胺 45～60 毫升、48％异恶草松乳油 50 毫升、50％乙草胺乳油 75～100 毫升于直播油菜播后苗前、移栽油菜栽前或栽后翌日施药。对以禾本科杂草与牛繁缕、荠菜、卷耳等阔叶杂草混生的油菜田，可选用异丙甲草胺、异恶草松，或丙草胺与异恶草松的混剂，于油菜播前或栽前施药。

4. 苗后茎叶喷雾 对以禾本科杂草为主的油菜田，每亩可选用 10.8％吡氟氯禾灵 20～30 毫升、10％精喹禾灵乳油 35～50 毫升等，在杂草 4 叶期以前进行防除。对以小巢菜、播娘蒿、稻槎菜、泥胡菜、野老鹳草等为主的田块，可亩用 50％草除灵悬浮剂 30～40 毫升或 33％二甲戊乐灵（除草通）乳油 50 毫升，对水 40 千克喷雾，在秋冬进行防除。对以硬草、早熟禾为主的田块，可亩用 24％烯草酮乳油 20～30 毫升，于杂草 3～4 叶期防除。

第七节　花而不实

　　油菜花而不实，又称萎缩不实。即从植株发病到成熟，陆续不断开花，但不能正常结实，是在缺硼的土壤上产生的一种生理性病害，主要发生在甘蓝型品种上，但近年来在白菜型油菜上也时有发生。油菜发病以后一般减产 2～3 成，严重的产量极低。增施硼肥可有效地防治油菜花而不实。

　　为防治油菜花而不实，保证油菜高产，在底施硼肥的基础上，于抽薹期和薹高 3 厘米左右时，根外喷施硼肥有很好的效果。喷施浓度为 0.1％～0.3％，即用硼砂 0.1～0.3 千克加水 100 千克配制成含硼水溶液，均匀喷施在油菜叶面上。喷硼应选择晴天傍晚或早晨进行。因为这时相对湿度较大，叶面气孔张开，有利于油菜吸收。在干燥和大风时不宜喷施。喷施后 36 小时内遇降雨应重新补喷。

　　冬油菜喷硼的关键时期是苗期和蕾薹期，这是因为苗期喷硼可促进根系生长，有利于花芽分化正常进行。蕾薹期喷硼，可促进薹茎延伸，防止叶片因缺硼由绿变红而减弱光合作用，尤其是可以保证花蕾等生殖器官的正常发育，避免发生花而不实现象。因此，苗期和蕾薹期各喷硼一次，增产效果显著。叶面喷硼虽然有显著的增产效果，但在严重缺硼地区或土壤上，如喷施次数少，喷硼常常不能及时满足油菜对硼的需求量，因而喷施效果低于底肥施用效果。

第三章　油菜生产配套机械

第一节　油菜播种机械

一、2BFQ-4A 型油菜精量联合直播机

1. 主要性能　配套 15 马力以上手扶拖拉机，工作幅宽 1.2 米；一次播种 4 行，行距 0.3 米，亩播种量 0.15～0.25 千克；作业速度 1.9～2.7 千米/小时，工作效率 4.5～6.0 亩/小时。

2. 技术特点　与手扶拖拉机配套，集成旋耕整地、施肥、油菜精量播种、覆土等多工序于一体；采用正负气压组合式精量排种技术，实现油菜精量播种，播种量可根据农艺要求调整；可调整配置不同的作业模块，组成油菜精量播种施肥机、旋耕机、油菜精量联合直播机等。

3. 适宜区域　冬油菜区，主要适应于旱地、沙壤土油菜精量播种。

二、2BFQ-4B 型油菜精量联合直播机

1. 主要性能　配套 15 马力以上手扶拖拉机，工作幅宽 1.2 米；一次播种 4 行，行距 0.3 米，亩播种量 0.15～0.25 千克；作业速度 1.9～2.7 千米/小时，工作效率 4.5～6.0 亩/小时。

2. 技术特点　与手扶拖拉机配套，集成开畦沟、旋耕、施肥、油菜精量播种、覆土等多工序于一体；采用正负气压组合式精量排种技术，实现油菜精量播种，播种量可根据农艺要求调整等。

3. 适宜区域　冬油菜区，适应各类旱茬、稻茬地油菜开沟精量播种。

三、2BFQ-6C 型油菜精量联合直播机

1. 主要性能 配套 60 马力以上四轮拖拉机，工作幅宽 2.0 米；最大旋耕深度大于 0.12 米；一次播种 6 行，行距 0.28 米，亩播种量 0.15～0.30 千克；施肥量 25～60 千克/亩；作业速度2.1～3.6 千米/小时，工作效率 6.3～10.8 亩/小时。

2. 技术特点 采用正负气压组合式精量排种技术，种子无破损、无堵塞，播种均匀性好，精度高；高度集成的联合作业，一次性完成旋耕、灭茬、开畦沟、开种沟、施肥、精密播种、覆土、仿形驱动、封闭除草等所有油菜种植工序；开沟深度、旋耕深度、施肥量、播种量均可根据农艺要求调整；可调整配置作业模块，组成旋耕机、旋耕开沟机、油菜精量联合直播机等。

3. 适宜区域 冬油菜区，适应各类旱茬、稻茬地油菜精量播种。

四、2BFQ-6Z 型油菜精量联合直播机

1. 主要性能 配套 60 马力以上四轮拖拉机，工作幅宽 2.0 米；最大旋耕深度大于 0.12 米；一次播种 6 行，行距 0.28 米，亩播种量 0.20～0.35 千克；施肥量 25～60 千克/亩；作业速度2.1～3.6 千米/小时，工作效率 6.3～10.8 亩/小时。

2. 技术特点 主动传动播种排肥，田间通过性能好；采用正负气压组合式精量排种技术，播种均匀性好；高度集成的联合作业，可一次性完成旋耕、灭茬、开畦沟、开种沟、施肥、精密播种、覆土、封闭除草等所有油菜种植工序。

3. 适宜区域 冬油菜区，适应各类旱茬、稻茬地油菜精量播种。

五、2BF-6L 型油菜精量联合直播机

1. 主要性能 配套 55 马力以上四轮拖拉机，工作幅宽 2.0 米；最大旋耕深度大于 0.12 米；一次播种 6 行，行距 0.28 米，亩播种量

0.15~0.30千克，种子破碎率小于0.5%；施肥量25~60千克/亩；作业速度2.1~3.6千米/小时，工作效率6.3~10.8亩/小时。

2. 技术特点 采用中央集排离心式油菜精量排种技术，"一器六行"集中式排种，结构简单、播种均匀性好；可一次性完成旋耕、灭茬、开畦沟、开种沟、施肥、精量播种、覆土等所有油菜种植工序。

3. 适宜区域 冬油菜区，适应各类旱茬、稻茬地油菜精量播种。

六、2BYM-6/8型油麦兼用精量联合直播机

1. 主要性能 配套70马力以上四轮拖拉机，工作幅宽2.0米；最大旋耕深度大于0.12米；油菜，6行播种，行距0.28米，亩播种量0.20~0.35千克；小麦，8行播种，行距0.22米，亩播种量5~20千克；施肥量25~60千克/亩；作业速度2.1~3.6千米/小时，工作效率6.3~10.8亩/小时。

2. 技术特点 以大中型拖拉机为动力，高度集成的联合作业，通过不同模块的调整，可一次性完成油菜、小麦种植的所有作业环节；针对油菜播种，完成旋耕、灭茬、开畦沟、开种沟、施肥、精密播种、覆土、仿行、封闭除草等工序；针对小麦播种，完成旋耕、灭茬、开畦沟、开种沟、施肥、精量播种、覆土、仿行、镇压等工序；采用正负气压组合式精量排种技术，播种均匀性好；外槽轮式排种器，精量条播小麦；开沟深度、旋耕深度、施肥量、油菜与小麦播种量均可根据农艺要求调整。

3. 适宜区域 冬油菜区，适应长江中下游地区各类旱茬、稻茬地油菜、小麦精量播种。

七、2BFQ-9型油菜精量联合直播机

1. 主要性能 配套55马力以上四轮拖拉机，工作幅宽2.0米；播种深度20~40毫米；油菜9行播种，行距0.20米，亩播种量0.2~0.4千克；侧位深施肥，施肥量25~60千克/亩；作业速

度 2.1～3.6 千米/小时，工作效率 6.3～10.8 亩/小时。

2. 技术特点 采用正负气压组合式精量排种技术，播种均匀性好；高度集成，联合作业，可以一次性完成春油菜播种的灭茬、开种沟、深施肥、精密播种、覆土、保墒镇压等工序。

3. 适宜区域 春油菜区。

八、2BFQ-19 型油菜精量联合直播机

1. 主要性能 配套 100 马力以上四轮拖拉机，工作幅宽 3.6 米；播种深度 20～40 毫米；油菜 19 行播种，行距 0.20 米，播种量 0.25～0.45 千克/亩；施肥量 25～60 千克/亩；作业速度 2.1～3.6 千米/小时，工作效率 11.3～19.4 亩/小时。

2. 技术特点 采用正负气压组合式精量排种技术，播种均匀性好；高度集成的联合作业，实现春油菜种植的灭茬破土、气力精量播种、密度调控、侧位深施肥、仿行、覆土、镇压、滴灌带铺设等多项作业。

3. 适宜区域 春油菜区，免耕宽幅精量播种。

4. 注意事项 该机械还处于试验阶段，尚未进行成果鉴定和产品推广检测。

九、2BYF-6 型油菜免耕直播联合播种机

1. 主要性能 该播种机主要由动力行走装置（手扶拖拉机）、排种排肥装置、旋转刀盘式成厢起垄装置、动力传动装置、仿形装置等组成。能一次完成播种、施肥、开沟成厢起垄和对已播种子、肥料覆土四项功能。主要技术参数为：配套动力 12～15 马力；种子播量 0.1～0.3 千克/亩，肥料播量 15～30 千克/亩，排水沟宽度 0.24 米，排水沟深度小于 0.2 米，单边覆土宽度大于 1 米，播种行数 6 行，作业幅宽 1.6～1.8 米，工作效率 1.5～2.25 亩/小时。

2. 技术特点 该播种机排种装置采用"一器三行"偏心轮型孔轮式排种器，具有囊种容易，清种干净，不伤种子的特点；所设计的仿形装置应用于排种排肥系统管道末端，能随地形的变化保证

种子、肥料离地间隙不变，保证了种、肥的田间精确位置；所设计的旋转刀盘式成厢起垄装置，利用旋耕实现开排水沟并将沟内土壤抛洒至厢面覆盖已播种子和肥料。

3. 适宜区域 主要用于土壤含水量在 20％～40％的稻田免耕茬直播油菜作业，尤其适应丘陵山区的小田块。

十、2BYD-6 型油菜浅耕直播施肥联合播种机

1. 主要性能 该播种机主要由浅耕开沟机构、排种排肥机构、地轮传动系统等部分组成。通过三点悬挂方式配套挂接于拖拉机后方，能一次完成浅耕、灭茬、开沟、覆土、施肥、播种 6 项功能，主要技术参数为：配套 45 马力以上轮式拖拉机；浅耕漏耕率小于5％；灭茬率大于 95％；种子播量 0.1～0.3 千克/亩，肥料播量15～30 千克/亩，排水沟宽度 0.24 米，排水沟深度小于 0.2 米，单边覆土宽度大于 1 米，播种行数 6 行，作业幅宽 2 米，工作效率3～5 亩/小时。

2. 技术特点 将旋转刀盘式成厢起垄装置装在旋耕刀轴上，采用 260 型旋耕弯刀实现深沟开沟作业；在开沟装置的两侧布置195 型小刀片，同侧同向安装，及时将开沟刀盘抛出的土壤向两边推送，实现了高稻茬的旋耕灭茬功能，厢面平整、土壤细碎，打碎的秸秆、同步撒施的肥料通过浅耕装置与土壤均匀混合，既实现了秸秆还田，保障土壤和肥料之间均匀拌和，提高肥料的利用率；浅耕开沟后，种子撒播在已耕土壤的表面，浅耕开沟后的土壤表面平整疏松且无杂草，为种子发芽提供了良好的种床。

3. 适宜区域 主要用于土壤含水量在 20％～40％的高稻茬田浅耕灭茬直播油菜作业，尤其适宜在平湖区大田块作业。

第二节　油菜收获机械

一、4LZY-1.5S 型油菜联合收割机（星光）

1. 主要性能 配套发动机动力 45 千瓦；割幅宽度 2 000 毫米；

喂入量 1.5 千克/秒；作业生产率 0.1～0.35 公顷/小时。

2. 技术特点 4LZY-1.5S 型履带式全喂入油菜联合收割机机型小巧，田间作业灵活，配套动力小，节省能耗；变速箱采用三挡齿轮变速加液压无级变速（HST），可实现田间无级变速作业；割台搅龙采用螺旋式横向输送；可选配刀片旋转式茎秆切碎器；机具配有小型集粮箱需人工接粮。该机作业性能好，可靠性较高。

3. 适宜区域 适于稻—麦—油轮作区，对于直播油菜或中低产移栽油菜收获效果好，对于分散种植的油菜分段收获更能体现作业方便性。

二、4LZY-3.5S 型油菜联合收割机（星光）

1. 主要性能 配套发动机动力 73 千瓦；割幅宽度 2 200 毫米；喂入量 3.5 千克/秒；作业生产率 0.25～0.45 公顷/小时。

2. 技术特点 4LZY-3.5S 型履带自走全喂入油菜联合收割机配套动力足，喂入量大，作业效率高；变速箱采用三挡齿轮变速加液压无级变速（HST），可实现田间无级变速作业；割台搅龙采用伸缩式横向输送；可选配刀片旋转式茎秆切碎器；配有大的集粮仓，可实现机械卸粮。

3. 适宜区域 适于稻—麦—油轮作区，对于直播油菜或中低产移栽油菜收获效果好，对于分散种植的油菜分段收获更能体现作业方便性。

三、沃得 4LYZ-2.5 型油菜联合收割机（沃得）

1. 主要性能 配套发动机动力 52/55 千瓦；割幅宽度 2 000 毫米；喂入量 2 千克/秒；作业生产率 0.33～0.47 公顷/小时。

2. 技术特点 沃得 4LYZ-2.5 型履带自走全喂入油菜联合收割机是在 4LZ-2/4LZ-3 型自走式切轴流谷物联合收割机系列基础上结合收获油菜作物特殊要求改制而成的，工作可靠，适应性强；变速箱采用机械换挡与液压无级变速相结合；具有双滚筒脱粒部件，脱粒效果好；配有大的集粮仓，可实现机械卸粮。机具配备有分别适合于稻、麦和油菜的专用分禾器和清选筛，收获油菜时需选用油菜专用部件，并按说明书调节相关参数，可实现一机多用节省用户购机成本。

3. 适宜区域　适于稻—麦—油轮作区，对于直播油菜或中低产移栽油菜收获效果好，对于分散种植的油菜分段收获更能体现作业方便性。

四、柳林 4LYZ-1.2 型油菜联合收割机

1. 主要性能　配套发动机动力 52 千瓦；割幅宽度 2 300 毫米；喂入量 1.2 千克/秒；作业生产率 0.2～0.47 公顷/小时。

2. 技术特点　柳林 4LYZ-1.2 型履带自走全喂入油菜联合收割机结构轻便，作业灵活；变速机构采用机械变速与液压无级变速（HST）相结合，可实现无级调速；可根据用户需求配置大小粮仓，小粮仓需人工接粮，大粮仓可选配机械螺旋自动卸粮部件；机具喂入量不大，能耗较低。

3. 适宜区域　适于稻—麦—油轮作区，对于直播油菜或中低产移栽油菜收获效果好，对于分散种植的油菜分段收获更能体现作业方便性。

五、柳林 4LYZ-2.0Z 型油菜联合收割机

1. 主要性能　配套发动机动力 60 千瓦；割幅宽度 2 000 毫米；喂入量 2.0 千克/秒；作业生产率 0.2～0.4 公顷/小时。

2. 技术特点　柳林 4LYZ-2.0Z 型履带自走全喂入油菜联合收割机采用纵轴流式脱粒方式，脱粒损失小，作业效果好；变速机构采用机械变速与液压无级变速（HST）相结合，可实现无级调速；根据需要可选配人工接粮或高搅龙螺旋卸粮。

3. 适宜区域　适于稻—麦—油轮作区，对于直播油菜或中低产移栽油菜收获效果好，对于分散种植的相比较分段收获更能体现作业方便性。

六、碧浪 4LZ-2.0（Y）型油菜收割机

1. 主要性能 配套发动机动力 73 千瓦；割幅宽度 2 000 毫米；喂入量 2.0 千克/秒；作业生产率 0.27～0.48 公顷/小时。

2. 技术特点 碧浪 4LZ-2.0（Y）型自走式全喂入油菜联合收割机，采用纵向轴流钉齿式脱粒滚筒和双层可调式振动筛脱粒清选机构；变速机构采用机械变速与液压无级变速（HST）相结合，可实现无级调速；根据需要可选择机械自卸或人工接粮方式。

3. 适宜区域 适于稻—麦—油轮作区，对于直播油菜或中低产移栽油菜收获效果好，对于分散种植的相比较分段收获更能体现作业方便性。

七、碧浪 4LZ（Y）-1.0 型油菜联合收割机

1. 主要性能 配套发动机动力 45 千瓦；割幅宽度 2 000 毫米；喂入量 1.0 千克/秒；作业生产率 0.13～0.27 公顷/小时。

2. 技术特点 碧浪 4LZ（Y）-1.0 型履带自走式油菜联合收割机集国内全喂入联合收割机之长，具有油菜、稻、麦多种收获功能，操作灵活方便等特点；整机重量轻，烂田通过性好；采用机械变速方式；大小粮箱一体人工接粮及机械放粮均可。

3. 适宜区域 适于稻—麦—油轮作区，对于直播油菜或中低产移栽油菜收获效果好，该机适用于小田块作业。

八、碧浪 4LZ（Y）-1.8 型双滚筒油菜联合收割机

1. 主要性能 配套发动机动力 65 千瓦；割幅宽度 2 000 毫米；喂入量 1.8 千克/秒；作业生产率 0.21～0.42 公顷/小时。

2. 技术特点 碧浪 4LZ（Y）-1.8 型履带自走式双滚筒油菜联合收割机具有总体设计合理、结构紧凑、使用可靠、操作简便等优点；采用的油菜专用割台、专用凹板筛和双层可调振动筛等装置为国内首创；变速机构采用机械变速与液压无级变速（HST）相结合，可实现无级调速；接粮方式可选配人工或机械

卸粮。

3. 适宜区域 适于稻—麦—油轮作区，对于直播油菜或中低产移栽油菜收获效果好，对于分散种植的相比较分段收获更能体现作业方便性。

九、久保田 4LYZ-1.8 型油菜联合收割机

1. 主要性能 配套发动机动力 50 千瓦；割幅宽度 2 000 毫米；喂入量 1.8 千克/秒；作业生产率 0.2～0.4 公顷/小时。

2. 技术特点 久保田 4LYZ-1.8 型履带自走式油菜联合收割机采用纵向轴流式大滚筒脱粒系统，脱粒清选效果好，机具可靠性高；动力采用立式水冷 4 缸涡轮增压柴油发动机系统，比常规球型柴油发动机以更少的燃料提供更大输出功率和启动扭矩；变速机构采用机械变速与液压无级变速（HST）相结合，其首创的静液压传动可实现无级变速；割台喂入口堵塞时可以进行反向旋转，将堵塞物排出；本机型采用人工接粮，此系列的 4LZY-1.8B 型油菜联合收割机的性能与本机型类似，卸粮方式为液压自动卸粮。

3. 适宜区域 适于稻—麦—油轮作区，对于直播油菜或中低产移栽油菜收获效果好，对于分散种植的相比较分段收获更能体现作业方便性。

十、常发锋陵 4LZY-2.0Z 型全喂入履带式联合收割机

1. 主要性能 配套发动机动力 63 千瓦；割幅宽度 2 000 毫米；喂入量 2 千克/秒；作业生产率 0.2～0.4 公顷/小时。

2. 技术特点 LZY-2.0Z 型全喂入履带式联合收割机具有高效率、低振动、低油耗的特点；采用大容积油箱，持续作业时间长；可根据作业需求选装秸秆匀抛装置，满足秸秆还田需求；变速机构采用机械变速与液压无级变速（HST）相结合；在更换割台及相应功能部件后，可实现收割水稻、小麦、油菜、大豆等多

种作物。

3. 适宜区域 油菜主产区。

十一、湖南中天龙舟 4LZ-1Y 型油菜籽收获机

1. 主要性能 配套发动机动力 42 千瓦；割幅宽度 1 980 毫米；喂入量 1.9 千克/秒；作业生产率 0.2～0.4 公顷/小时。

2. 技术特点 中天龙舟 4LZ-1Y 型全喂入履带式油菜籽收获机机型轻便，工作灵活；采用机械变速形式，前进 6 挡，倒退 2 挡；可搅龙放粮。

3. 适宜区域 油菜主产区，对南方小地块油菜有一定优势。

十二、雷沃谷神 4LZ-2G 型油菜籽收获机

1. 主要性能 配套发动机动力 55 千瓦；割幅宽度 2 000 毫米；喂入量 2 千克/秒；作业生产率 0.21～0.42 公顷/小时。

2. 技术特点 福田雷沃 4LZ-2G 型履带自走式油菜籽收获机采用单纵轴流滚筒脱粒装置，双层振动筛，可调鱼鳞上筛＋编织下筛脱粒效果好；采用 HST 液压无级变速＋3 挡机械变速箱；侧置粮仓需人工接粮；自带遮阳篷，液压转向操纵机构；可根据需要选配 2 200 毫米割台、弧形驾驶室、侧置大粮仓及自带卸粮系统等部件。

3. 适宜区域 油菜主产区。

十三、雷沃谷神 4LZ-3F 型自走式油菜联合收割机

1. 主要性能 配套发动机动力 66 千瓦；割幅宽度 2 750 毫米；喂入量 3 千克/秒；作业生产率 0.4～1 公顷/小时。

2. 技术特点 福田雷沃 4LZ-3F 型自走轮式油菜联合收割机采用双滚筒脱粒方式，作业效果好、效率高，适合旱地大面积油菜收获；栅格式凹板及风筛式振动筛清选效果好；配有机械卸粮装置。

3. 适宜区域 油菜主产区，对旱地及大面积油菜有一定优势。

十四、油菜分段收获装备（4SY-2 型油菜割晒机、4SJ-1.8 油菜捡拾脱粒机）

1. 主要性能

（1）4SY-2 型油菜割晒机。配套发动机动力 45 千瓦；割幅宽度 2 000 毫米；铺放尺寸高度小于 1 米，宽度小于 1.6 米；作业生产率 0.3～6 公顷/小时。

（2）4SJ-1.8 型油菜捡拾脱粒机。配套发动机动力 45 千瓦；捡拾台宽度 1 800 毫米；作业生产率 0.3～5 公顷/小时。

2. 技术特点　分段收获腾茬时间早，籽粒含水率低，便于保存，秸秆含水率低便于粉碎还田。

4SY-2 型履带自走式油菜割晒机可根据留茬高度要求调整割台高度，割台割刀实现油菜植株切割，通过拨禾轮和割台横向输送的共同作用把割倒的油菜输送至侧边排禾口，完成油菜成条铺放。

4SJ-1.8 履带自走式油菜捡拾脱粒机通过带钢齿的捡拾台完成油菜捡拾，再通过搅龙、输送槽等输送至脱粒部件，脱粒后清选，完成整个过程。两种机型变速机构均采用 HST 液压无级变速与 3 挡机械变速箱结合的形式；需人工接粮，也可按要求选配自动卸粮装置。

3. 适宜区域　适于稻—麦—油轮作区冬、春油菜收获，对于收获季节多阴雨天气的地区不适应，但对于收获期有大风等恶劣天气的地区应优先采用。对于面积大、产量高的油菜具有收获损失率低、效率高、籽粒含水率低等优势。

4. 注意事项　通过鉴定，但处于小批量生产阶段。

第三篇　花　生

第一章　花生高产栽培技术

第一节　春播花生露地高产栽培技术

一、技术概述

春播露地种植是我国花生主要种植模式之一，在国内主要花生产区均占较大比例。虽然近年来春播地膜覆盖栽培技术得到大面积推广应用，但因露地栽培比地膜覆盖操作简便、技术要求低、省工和投入少，今后仍具有较大的发展潜力。

二、技术要点

1. 选用优良品种　一般选择产量潜力高的中大果普通型、中间型或者珍珠豆型品种，全生育期在 125～140 天。适宜品种主要有：花育 19、花育 21、花育 22、花育 24、中花 8 号、中花16 等。

2. 创造高产土体，科学施肥　春播露地高产栽培田应选择土层深厚、土质肥沃、多年未种花生（经 3～5 年轮作）的粮田或菜地。前作收获后尽早秋耕或冬耕，耕深 25 厘米为宜。施肥应以有机肥料为主、化肥为辅，底肥为主、追肥为辅。

3. 建立合理的群体结构　春播露地栽培一般每亩 1 万～2 万

穴。播种时要选用生命力强的一级大粒种子作种，双粒穴播，提高播种质量，使苗株达到齐、全、匀、壮。

4. 加强田间管理 春播露地花生群体植株前期易徒长，后期易早衰。因此，在田间管理上总的原则是前控后保，确保稳长不衰。

（1）前期管理。通过早清棵、深锄地，蹲苗促早发。露地栽培应于花生基本齐苗后及时清棵。出苗至始花期，应采用大锄深锄垄沟、浅锄垄背的中耕方法，共进行 2～3 遍，以利散墒提温和保墒防旱，促进主根深扎、侧根和主要结果枝的早发，为节密、枝壮、花多、花齐打下基础。

（2）中期管理。主要通过肥水管理、防病治虫、化学调控等措施，控棵保稳长。花生在开花下针期对土壤干旱敏感，中午叶片轻微萎蔫（翻白）时，应及时灌溉。叶斑病防治应从发病初期开始，每隔 10～15 天喷一次叶面保护剂，如波尔多液等，也可根据发病种类喷施多菌灵、百菌清、代森锰锌等杀菌剂。植株如有徒长趋势，应及时叶面喷施 1 000 毫克/千克丁酰肼水溶液或 50～100 毫克/千克多效唑水溶液，每亩喷施 50～75 千克药液。

（3）后期管理。主要通过肥水管理，保叶防早衰。饱果成熟期应进行根外追肥，一般每隔 7～10 天叶面喷施一次 1%～2% 的尿素和 2%～3% 的过磷酸钙水溶液，共喷施 2～3 次。如 0～30 厘米土层土壤含水量低于最大持水量的 50% 时，应小水轻浇饱果水。土壤水分较多时，应注意排涝，防止烂果。

三、注意事项

春播露地栽培播种时一般土温和气温均较低，尤其是在长江流域花生产区，播种时经常遭遇阴雨天气，导致土壤低温高湿，应注意抢晴天适墒播种，保证出苗质量。

四、适宜区域

黄淮海、长江流域和华南花生产区。

第二节　春花生机械覆膜高产栽培技术

一、技术概述

春播覆膜栽培是我国花生生产的主要种植方式之一。简化生产工序、减少生产投入、提高花生产量、增加生产效益是现代农业对花生生产的基本要求。该技术经多年示范完善，已经形成了较为完整的体系，是 2008 年国家科技进步二等奖"花生高产高效技术体系建立与应用"的核心技术内容。

二、技术要点

1. 轮作换茬　选择至少 2 年内未种过花生或其他豆科作物的轻壤或沙壤土。

2. 施肥与整地　每亩施土杂肥 2 000～4 000 千克或腐熟鸡粪 600～1 000 千克，尿素 8～13 千克或花生专用缓释尿素 6～10 千克，磷酸二铵 15～20 千克，硫酸钾 18～22 千克，或施用相当元素含量的其他肥料。

冬前耕地，早春顶凌耙耢；或早春化冻后耕地，随耕随耙耢。耕地深度一般年份 25 厘米左右，深耕年份 30～33 厘米，每 3～4 年进行一次深耕。有机肥耕地前铺施，化肥起垄前撒施于土壤表面，然后用旋耕犁旋耕 1～2 遍，做到地平、土细、肥匀。

3. 品种　选用中熟或中早熟、增产潜力大、品质优良、综合抗性好的品种。

4. 播期　播种时，大花生一般在连续 5 日 5 厘米地温稳定在 15℃以上，小花生稳定在 12℃以上可播种。

5. 播种　垄距 85～90 厘米，垄面宽 55～60 厘米，平原地垄高 10～12 厘米，旱塬地 8～10 厘米，每垄 2 行，垄上行距 35～40 厘米，穴距 16～18 厘米，每穴播 2 粒种子。

6. 应用机械　选用农艺性能优良的花生联合播种机，将花生播种、施肥、起垄、喷洒除草剂、覆膜、膜上压土等工序一次完成。除草剂每亩用 50％乙草胺乳油 100～120 毫升，对水 50～60 千克。

7. 收获与晾晒 当植株主茎剩下 3～4 片绿叶时，用农艺性能优良的花生收获机进行挖掘和抖土，然后集中用摘果机摘果，也可用花生联合收获机将挖掘、抖土和摘果一次完成。摘果后及时去杂晾晒，争取 1 周内将荚果含水量降到 10％以下。

三、注意事项

播种前一定要精细整地，做到地平土细，有利于提高机械播种质量。收获时要注意墒情适宜，土壤过干或过湿均不利于保证收获质量。

四、适宜区域

适合在黄淮海平原地区推广应用。

第三节　花生单粒精播高产栽培技术

一、技术概述

目前花生高产栽培存在整齐度不高等问题，推广花生单粒精播高产配套技术，不仅节种，而且可显著提高工效和肥料利用率，并能够适应气候条件，防避病虫害，促进结果集中整齐，通过提高花生群体质量，实现花生生产高产高效。

二、技术要点

1. 单粒精播 大垄双行，单粒精播。穴距 10～11 厘米，亩播 14 000～15 000 粒（穴）。

2. 精选种子 选用优质高产花生新品种，精选种子，保证种子大小均匀，纯度 95％以上，发芽率 90％以上。

3. 增施缓控释肥 增施有机肥，配方施用化肥，并将化肥总量的 60％～70％改用缓控释肥。

4. 适期晚播 鲁东适宜播期为 5 月 1～12 日，鲁中南为 4 月 25 日至 5 月 15 日。

5. 机械覆膜播种 选用 2BFD2 花生单粒播种机，将起垄、播种、施肥、喷药、覆膜、膜上压土等工序一次完成。

6. 绿色控害 采用物理、生物等措施综合防治病虫害。

7. 适当化控 采用灵活、多次化控，推行中后期叶面喷肥。

三、注意事项

种子大小一定要均匀一致，以避免漏播缺苗。播前一定要带壳晒种，以保证出苗率在 90％以上。

四、适宜区域

适宜北方春花生中高产田。山东省主要包括烟台、威海、青岛、日照、济宁、临沂、潍坊、泰安等花生主产区。

第四节　丘陵旱地花生高产栽培技术

一、技术概述

北方花生主要分布在丘陵和旱地，制约产量提高的主要因素是土壤瘠薄、干旱、肥料利用率低、病虫害较重。采用地膜覆盖增强抗旱保肥能力；适期晚播调节花生生育进程适应气候条件，防避病虫害，促进结果集中整齐，防止后期发芽烂果，提高品质；肥效后移避免后期脱肥早衰，提高肥料利用率。

二、技术要点

1. 整治农田，改良土壤，轮作换茬 丘陵地整修梯田，"三沟"配套。冬前深耕深翻，加深活土层。黏性土压沙或含磷风化石，沙性土压黏淤土。

2. 增施有机肥、有机无机复合肥、包膜缓控释肥等培肥地力，延长肥效期，肥效后移防早衰 中等肥力地块，亩施有机肥

3 000～4 000千克，五氧化二磷 6～8 千克，纯氮 8～10 千克，氧化钾 4～5 千克。于地膜覆盖起垄时集中包施在垄内。

3. 选用高产抗病、抗旱耐瘠品种，适当密植 大花生品种如丰花 1 号每亩 0.8 万～0.9 万墩，丰花 3 号、丰花 5 号、山花 7 号等 0.9 万～1 万墩；小花生品种丰花 4 号、丰花 6 号等 1 万～1.1 万墩，每墩 2 株。

4. 地膜覆盖，适期晚播 垄高 12～15 厘米，垄距 80～90 厘米，垄上行距 35～45 厘米，穴距 15～18 厘米，每穴 2 粒。早播的可用无色地膜，晚播的可用配色地膜或黑色地膜。播前带壳晒种 2～3 天，分级粒选。黄淮地区墒情较好或有抗旱播种条件的推迟至 4 月底至 5 月上中旬播种，无抗旱播种条件的可在 4 月上中旬后抢墒播种。

5. 综合防治病虫害 用辛硫磷微胶囊，或毒死蜱颗粒剂等于播种时施用防治蛴螬。用 50% 多菌灵可湿性粉剂按种子量的 0.3% 拌种防治枯萎病。叶斑病发病后用多菌灵或百菌清等杀菌剂喷施 2～3 次。在结荚后期喷施叶面肥防早衰落叶。

6. 及时收获 晒干避免霉捂，控制黄曲霉素污染。

三、注意事项

地膜覆盖的必须于覆膜前喷施除草剂。

四、适宜区域

适合北方丘陵、旱地春播花生区推广。

第五节 麦后花生免耕覆秸精播技术

一、技术概述

黄淮海地区夏播花生大多采用人工麦田套种模式，此模式不能实现机械化播种，费工费时，成本高，效率低；或采用小麦收获后先灭茬、再整地播种的方式种植，此模式播种时间长，不能抢时早播，浪费光热资源，导致花生收获晚，产量低，影响冬小麦适期播种。目前生产中缺乏适宜夏播和机械化收获的早熟花生品种，也缺少相配套的生产技术标准。因此，筛选和种植高产、优质、适宜机械化种植的早熟花生新品种，并配套麦后花生免耕生产技术，对发展小麦—花生一年两作，促进花生生产，提高农民种植效益具有重要意义。

二、技术要点

1. 产地环境 选用轻壤或沙壤土，土层深厚、地势平坦、排灌方便的中等以上肥力地块。

2. 气候条件 麦后花生免耕覆秸精播适宜在黄淮海一年两熟地区作为第二季种植，花生全生育期达到 110 天以上，积温达到 2 700℃以上，≥15℃活动积温 1 100℃以上。

3. 选择适宜品种 选择生育期较短、适宜夏直播种植的中熟或中早熟、增产潜力大和综合抗性好的中、小果花生品种，须通过省级或国家审（鉴、认）定或登记。

4. 种子处理

（1）晒种。播种前 10 天左右，带壳晒种子 2～3 天后再剥壳，可提高发芽率。

（2）分级选米。将剥壳后的花生米按米粒的大小分成 3 级，选米粒较大的一、二级做种子用。

（3）拌种。播种前，根据土传病害和地下害虫发生情况，每 100 千克花生米用 60～100 毫克 25 克/升咯菌腈悬浮种衣剂拌种，或用 600 克/升吡虫啉悬浮剂 60 毫升＋62.5 克/升精甲·咯菌腈悬浮种衣剂 30 毫升拌种，但注意拌种后阴干，切勿太阳暴晒。用 150 毫升液体根瘤菌拌 15～20 千克种子，根瘤菌拌种后要阴干并及时播种。注意拌种用的菌液不能对水，菌剂保存在阴凉干燥处（4～25℃），开袋后一次用完。若使用化学种衣剂，则先拌种衣剂，阴干后再拌根瘤菌。

5. 播种

（1）收割小麦。小麦成熟后，及时收割。收割后小麦留茬不超过 15 厘米，将残留的较大麦秸和杂草植株清除出麦田，以利下茬播种。

（2）抢时早播。"春争日，夏争时"，在前茬小麦收割后，应尽量缩短与花生播种的间隔时间，以采用"贴茬、免耕、机械播种"为宜，尽量缩短播种时间，提高播种效率，充分利用播种期较高的适宜气温，促进花生早播、早发。

（3）合理密植。麦后花生免耕覆秸精播最适宜的播种密度为每亩 2.1 万株，以单粒播种、等行距种植为宜，最适宜的行距 35 厘米、株距 9 厘米。

（4）机械播种。选用农艺性能优良的茬地免耕覆秸精量播种机，将花生免耕播种、施肥、喷洒除草剂、覆盖秸秆等工序一次完成，以做到抢时早播。播种行秸秆覆盖要做到"覆秸"不"覆土"。

（5）施肥。在前茬预施肥的基础上，花生播种的同时，根据目标产量的要求，每亩再施氮（N）6～8 千克、磷（P_2O_5）4～6 千克、钾（K_2O）6～8 千克、钙（CaO）6～8 千克。以丸粒化的花生专用复合肥或包膜缓控释肥为宜。

6. 田间管理　采用前促、中控、后保的管理措施，以达到高产稳产、优质、高效。

（1）前促。花生播种后，如墒情差应及时浇小蒙头水，以利出苗；出苗后应及时中耕，促花生生长形成壮苗。

（2）中控。在花生生长中期（盛花期—结荚期），叶面喷施花生生长调节剂，控制花生植株生长过快，避免花生倒伏。

（3）后保。在花生结荚期—饱果成熟期，保护花生植株上层叶片，一是防止叶斑病的发生，二是防止叶片因缺乏营养而早衰。生育中后期每亩叶面喷施 2%～3%的尿素水溶液或 0.2%～0.3%的磷酸二氢钾水溶液 30～40 千克，可与杀菌剂同时喷施，连喷 2～3 次，防止叶片衰老。

（4）适当晚收。可适当延迟到 10 月上中旬，待日平均气温降到 12℃时再收获，最晚霜降前收完。收获后及时晾晒，尽快将荚果水分含量降低到 10%以下。

三、注意事项

播种时间要抢时抢墒，保证播种密度，及时防治病虫害和早衰。

四、适宜区域

适合河北、山东、河南等麦油两熟区推广。

第六节　水田地膜花生—晚稻高产栽培技术

一、技术概述

在水稻产区，稻田春季种植地膜花生，花生收获后种一季晚稻，实现水旱轮作，既可提高地力和促进养分利用，又能减轻病虫的危害，是长江流域水稻区实现粮油双高产的良好种植模式。

二、技术要点

1. 选用适宜品种　水田地膜配晚稻对花生品种的基本要求是：珍珠豆型早熟品种，全生育期 120 天以内，抗叶斑病和锈病，耐渍性强，适宜的品种有中花 4 号、中花 5 号、中花 16、泰花 6 号、湘花 2008、天府 11 等。

2. 精细整地，施足底肥　在冬季深翻炕土的基础上，年后及早进行复整，播前再精整开厢，切实做到三沟相通，围沟、腰沟要深，确保明水能排、暗水能滤。播种前结合耕整施足底肥。一般亩施土杂肥 1 500～2 500 千克、碳酸氢铵 25 千克、过磷酸钙 25 千克、钾肥 5 千克、硼砂 0.5 千克。

3. 抢墒播种，合理密植　适时播种。结合天气情况抢晴抢墒播种。3 月 15 日始播，4 月上中旬基本结束，一般采用双粒穴播，种植密度每亩 1.8 万～2 万株（9 000～10 000 穴）。播种后拍平厢面，喷施除草剂，一般亩用 90%乙草胺乳油或 72%异丙甲草胺乳油 200 克对水 40～50 千克。地膜紧贴厢面，四周用土压严。覆膜后要及时清理厢沟。

4. 加强田间管理 花生顶土时要及时破膜，并用细土覆盖成小土堆，破膜宜早不宜晚，避免正午高温时破膜。如果在生长中期植株长势过旺，可在盛花初期进行化控，一般亩用 50 克 15％多效唑可湿性粉剂对水 50 千克喷施，控制花生徒长。

5. 及时收获，移栽晚稻 3 月中旬至 4 月初播种的花生一般在 7 月底成熟，注意及时抢收。晚稻应在 6 月 20 日左右播种，7 月底、8 月初移栽，10 月下旬收获。

三、注意事项

水田地膜花生播种较早，地膜覆盖虽有增温作用，但如遇连阴雨天气，土壤温度低、湿度大，容易造成严重的烂种，因此，种植水田地膜花生时切记不要盲目提早播种。如果生长前期雨水多，要及时疏沟排水，防止积水；若生长后期出现秋旱，要引水灌溉或淋水，防止植株受旱枯萎或造成结荚不饱满。

四、适宜区域

我国长江流域的湖北、湖南、江西、安徽等省份的水稻产区。

第七节　秋植花生高产栽培技术

一、技术概述

秋花生在立秋前后播种，又称翻秋花生。主要适用品种是珍珠豆型花生，为下年度春植留种。

二、技术要点

1. 选用优良品种 适宜的品种主要有：粤油 7 号、汕油 851、仲恺花 1 号、桂花 17、泉花 10 号等南方珍珠豆型花生。

2. 适时早播 秋花生播种太早，播后因气温过高，营养生长期过分缩短，花期处在高温日照长阶段，影响花器发育和开花授粉，结荚较少；播种太迟，则因后期气温低，造成荚果不饱满，产量低。立秋是秋花生的播种适期。如果利用旱坡地种植的，要适当提早播种，减少秋旱影响。

3. 合理密植，保证全苗　秋花生可比春花生适当密植，每亩掌握在 2 万株左右，最好采取宽窄行种植，规格是宽行 30 厘米，窄行 18 厘米，每亩约 1 万穴，每穴 2 粒，以便充分利用地力和阳光，提高单位面积产量。同时，出苗后要及时查苗补苗，确保全苗。每穴双粒播种的，如缺单苗可以不补，如全穴缺苗应及时移苗补植，或用种子催芽直接播种补苗。

4. 施足底肥，及时追肥　秋植花生一般齐苗后 20 天左右即开花，营养生长期比春植花生短，前期又处在气温高的多雨季节，肥料分解快，易消耗。因此必须施足底肥，及时追肥。否则常因前期营养不足，植株营养生长不良，致使迟分枝、分枝少、产量不高。每亩 750 千克有机肥（其中猪粪与田泥比例为 6∶4），混硫酸钾 7.5 千克、过磷酸钙 50 千克，沤肥 30 天。起畦后均匀撒施畦面，用牛耙匀后开行播种。堆肥要沤熟，撒施要均匀，这是基肥的关键。如果没有沤肥，可用复合肥 15～20 千克/亩。出苗后 20 天，根据苗期生长情况，结合中耕进行追肥，可追施复合肥，每亩为 10 千克。花期结束，施优质石灰粉，每亩撒施 15 千克，提高荚果充实度。

5. 加强田间管理，合理灌溉　秋花生生长前期处于雨水较多的月份，而花生需水特点是"两头少，中间多"，苗期怕渍水，所以应开好环田沟和田间沟，及时排除田间渍水，一般以沟灌、喷灌为好，要小水细浇，切忌大水漫灌，防止植株受旱枯萎。没有灌溉条件，难以达到丰产。在荚果形成至饱果期，每 7 天灌一次水，保持干湿交替。同时，在果针下土后，要结合清沟培土，以降低田间湿度，预防发生锈病。

6. 病虫害防治　播种时用多菌灵或百菌清拌种有利于防止因土壤带菌可能引起的花生根腐病、冠腐病。初见有斜纹夜蛾幼虫时，可在花生叶面喷敌百虫除虫。

三、注意事项

秋花生前期雨水多，苗期怕渍，要及时疏沟排水，防止积水；后期常出现秋旱，要引水灌溉或淋水，防止植株受旱枯萎或造成结荚不饱满。

四、适宜区域

广东省的珠江三角洲、鉴江流域、韩江平原，广西壮族自治区南部，福建省的东南沿海地区，云南省的澜沧江流域和海南省等地。

第二章　花生生产防灾减灾技术

随着花生重茬年限的延长，花生生产中的病虫害日趋严重，花生虫害有时导致花生绝产；随着气候变化加剧，花生自然灾害频繁发生。这些都成为影响我国花生生产的重要因素。其中干旱、涝灾、低温等自然灾害，蛴螬、烂果病、空壳病、青枯病等生物灾害在不同年份、不同地区单独或交错发生。由于我国花生多种植在自然条件、土壤肥力和农业基础设施条件较差的沙壤地和丘陵薄地上，所以花生抗灾能力很弱，严重影响了花生的产量、品质。在现有条件下，为了减轻各种灾害对花生生产的影响，特提出花生抵御主要灾害的技术应急方案。

第一节　干　　旱

干旱缺水多发生在我国北方花生产区。春旱造成花生播种质量下降，缺苗断垄，影响群体产量，造成减产。出苗后植株萎蔫，生长受阻，个体发育不良影响单株生产力的发挥。花针期干旱，导致受精率降低，荚果数减少，单产下降。收获前4～6周严重干旱，黄曲霉菌极易侵染花生，是造成花生黄曲霉毒素污染的重要原因之一。

应对措施：

1. 品种选用　选用高产、稳产、适应性广、抗旱的花生新品种。如山东花生种植区应选用鲁花11、鲁花14以及近年来育成的花育30、花育33等高产稳产抗旱品种。

2. 及早管理　早春旱，应抗旱播种，此时灌水，要灌透灌足，出苗后要浅锄松土，以保蓄水分和防止板结。

3. 地膜覆盖　地膜覆盖能显著提高地温、保持土壤适宜干湿度。

4. 苗期干旱及时防治蚜虫 苗期干旱应及时防治蚜虫，以减轻病毒发生程度。

5. 开花期干旱防蒸腾 可叶面喷施黄腐酸1 000倍液，以减轻因干旱造成的损失。

6. 收获前4～6周严重干旱应尽量灌溉 收获前4～6周严重干旱，黄曲霉菌极易侵染花生，所以应尽量灌溉。若确实无灌溉条件，也要浅锄松土，以保蓄水分，同时叶面喷施黄腐酸1 000倍液，防止蒸腾加重。

第二节 涝 灾

涝害在我国长江流域、华南、北方花生产区均有发生，使田间湿度过大，造成茎叶徒长，土壤通气不良，影响根系生长和荚果充实饱满，并易造成大量植株茎叶腐烂、荚果腐烂或发芽。花生是不耐涝的作物，当花生田土壤水分超过田间最大持水量的80%时，必须及时排涝减灾。

应对措施：

1. 地膜覆盖 地膜覆盖除能显著提高地温、保持土壤适宜干湿度外，还能防止过量水分浸入地下影响荚果发育。

2. 整理沟畦，培土壅根 由于洪涝灾害，花生田沟畦遭到了破坏，既不利于田间排水，又造成花生根系外露，影响花生的中后期生长。所以，在退水后，凡是能恢复生长的田块，应及时修复沟畦，开沟复土，培土壅根，创造适宜的土壤环境，促进花生生长。

3. 中耕除草，破除板结 花生田受淹后，土壤容易板结，及时中耕，可以散去多余的水分，提高土壤通透性，帮助根系恢复生长。应掌握在地面泛白时进行中耕，要求深锄，破除土壤板结层。夏播花生正处于苗期，要结合中耕进行"清棵"。一般可用小锄把花生幼苗基部周围的土刨开，形成一个"小窝"，让两片子叶和叶腋间的侧芽露出土面，提早接受阳光照射。花生田由于长期阴雨影响，杂草丛生，与花生争夺养分，不利于花生生长，所以，要结合中耕进行除草，要求浅锄，刮净杂草，较早封垄的春花生杂草比较大，中耕不易进行，应人工拔除。

4. 施肥管理　由于洪涝灾害，基肥大量流失，造成花生严重脱肥。地膜花生可采取打孔的方式进行追肥，露地花生结合中耕进行追肥，一般每亩追施速效尿素 5～10 千克，有条件的，要注意增施一定量的钙肥，促进荚果膨大。夏花生追肥以根外追肥为主，喷施 1% 的尿素和 2% 的磷酸二氢钾混合液每亩 50 千克，连续喷施两次，可以防止早衰，提高产量。

5. 防治病虫害　高温、田间湿度大，容易引发花生病害，特别是夏花生容易发生叶斑病、网斑病等病害，始花后 10 天左右，可用 50% 多菌灵可湿性粉剂 1 000～1 500 倍液、75% 百菌清可湿性粉剂 800 倍液进行防治，隔 7 天防治一次，连防 2 次。

6. 化学调控　由于阴雨天多，光照不足，花生容易徒长，造成营养生长与生殖生长失调。开展化学调控，可以防止徒长，并能促进苗情转化。如地膜花生，由于生长环境的改善，生长发育快，特别是高肥水田块，在花生结荚初期极容易出现徒长现象，加上连阴雨天气影响，徒长更加严重。对花荚初期植株有徒长趋势、群体过早封行的地块，花生开花后 30～40 天，每亩喷施 150 毫克/千克多效唑溶液 50 千克，可以控制营养生长，促进生殖生长，防止田间郁蔽植株倒伏，提高光合效率，夺取高产。

第三节　冻　害

随着气候的变化，花生播种期普遍提前，时常出现苗前冻害，特别是东北花生种植区，包括苗期的低温冷害、生长后期和收获期的低温霜冻。冻害会引起烂种、缺苗断垄、花生生长受阻、产量和品质下降等。

应对措施：

1. 施用增温碳基肥　播种前整地时每亩施增温碳基肥 50 千

克。在地温低于 15℃时，可提高地温 2~3℃，对预防苗期冻害效果明显。

2. 地膜覆盖 最佳方法是先覆膜后播种，对预防播种期和苗期冻害效果明显。

3. 秸秆还田 通过逐年秸秆还田对防止冻害作用较大。

4. 适时收获 东北产区花生收获一定要适时，大部分地块可在霜前 1~2 天收获。生育期较长的晚熟品种，可在初霜后第二次霜来临前 5~6 天内收获。种用花生，要霜前及时采收，做到种子不见霜。

5. 预防霜冻 要注意收听天气预报，避开霜期采收，防止霜打果实，影响品质，失去商品价值。

6. 搞好晾晒 东北产区新收获的花生一般含水量在 40% 以上，如不及时晾晒，易发生霉烂变质或遭受冻害。收获后不要摘荚果，以利果实吸收植株养分，要将带荚果的花生植株在田间就地晾晒 7~10 天，2~3 天翻动一次，促进后熟和风干，不要运回家集中堆放，以免发生霉变。

7. 安全储藏 当荚果晒到口咬发脆、手摇有响声、剥开荚壳手搓种皮易脱落时，含水量一般在 10% 以下，要及时脱果，子仁要放在通风干燥处储藏。要防止雨浇霉变，或低温冻果。

第四节 主要病害

1. 青枯病

（1）症状及危害。花生一般在初花期最易感染此病。病株初始时，主茎顶梢第一、二片叶片先失水萎蔫，早上延迟开叶，午后提前合叶，1~2 天后，病株全株或一侧叶片从上至下急剧凋萎，色暗淡，呈青污绿色。后期病叶变褐色枯焦。病株易拔起。其主根尖端果柄、果荚呈黑褐色湿腐状，根瘤黑绿色，纵剖病茎维管束呈黑褐色，横切面保温下稍加挤压可见白色黏液溢出。

（2）农业防治。一是选用高产抗病品种。二是合理轮作。有水源的地方，实行水旱轮作，旱地可与瓜类、禾本科作物3～5年轮作，避免与茄科、豆科、芝麻等作物连作。三是注意排水防涝。防止田间荫蔽与大水漫灌，防止田间积水与水流传播病害。四是采用配方施肥技术。施足基肥，增施磷、钾肥，适施氮肥，叶面喷施天达2116，促进花生稳长早发，对酸性土壤可施用石灰，降低土壤酸度，减轻病害发生。五是及时拔除病株。田间发现病株应立即拔除，带出田间深埋，并用石灰消毒。花生收获时及时清除病株与残余物，减少菌源。

（3）化学防治。一是拌种。播种前，用天达2116浸拌种专用型50克，对水750克拌种20千克，切勿闷种。二是喷雾。花生出齐苗后，亩用72%农用链霉素可溶粉剂4 000倍液、10%苯醚甲环唑水分散粒剂2 500倍液喷雾，为增加药效，可与天达2116壮苗灵600倍液混合喷雾。

2. 网斑病

（1）症状及危害。花生网斑病因气候条件不同而表现两种症状。一种为网纹型，在温度湿度比较合适的情况下，病斑发展很快，发病初期在叶片正面产生白色小粉点，逐渐呈白色星芒状辐射，随病斑扩大，中间变成褐色、深褐色，病斑边缘不清晰。另一种为污斑型，病斑近圆形，黑褐色，病斑边缘较清晰，主要是因为在网斑病发展过程中，遇到不适宜的气候条件所致。在多雨季节，多产生较大、近圆形黑褐色斑块，直径达1～1.5毫米，叶背面病斑不明显，呈淡褐色。后期病斑上出现栗褐色小粒点，即病菌分生孢子器，老病斑变干易破裂。在网斑病与叶斑病混合发生的情况下，可造成早期叶片脱落。

（2）农业防治。一是选用抗病品种。如鲁花9号、鲁花13、鲁花11、鲁花14、鲁花15、潍花8号、丰花8号、花育26、花育19等。二是与甘薯、玉米等非豆科作物轮作1～2年。三是清洁田园，收获后及时彻底清除病残体。

（3）化学防治。7月上中旬开始用杀菌剂、物理保护剂和生物制剂喷洒叶片。以联苯三唑醇最好，代森锰锌、百菌清也可，在发病初期用 70％代森锰锌可湿性粉剂 500～600 倍液、75％百菌清可湿性粉剂 700～800 倍液，每隔 10～15 天喷一次，连喷 2～3 次。

3. 褐斑病

（1）症状及危害。又称花生早斑病，主要为害花生叶片，初为褪绿小点，后扩展成近圆形或不规则形小斑，病斑较黑斑病大而色浅，叶正面呈暗褐或茶褐色，背面呈褐或黄褐色，病斑周围有亮黄色晕圈。湿度大时病斑上可见灰褐色粉状霉层，即病菌分生孢子梗和分生孢子。叶柄和茎秆染病病斑长椭圆形，暗褐色。

（2）农业防治。一是选用抗病品种，实行多个品种搭配与轮换种植，避免单一品种长期种植。重病田实行 2 年以上的轮作。雨后清沟排渍，降低田间湿度。二是花生收获后及时清洁田园，清除田间病残体，集中烧毁或沤肥，深耕土地，以减少菌源。

（3）化学防治。花生发病初期，当田间病叶率达 10％～15％时应及时施药防治，可用下列药剂：80％代森锰锌可湿性粉剂 600～800 倍液＋70％甲基硫菌灵可湿性粉剂 800～1 000 倍液，或 75％百菌清可湿性粉剂 600～800 倍液＋50％多菌灵可湿性粉剂 600～800 倍液，或 50％福美双可湿性粉剂 500～600 倍液＋25％联苯三唑醇可湿性粉剂 600～800 倍液，对水 40～50 千克，均匀喷雾，间隔 5～7 天施药一次，连续防治 2～3 次。

4. 根腐、茎腐病

（1）症状及危害。花生根腐、茎腐病在连作地块发生重，土层浅、沙质地、低肥力地发生重，春播花生尤其是播种早的地块根腐病发生重，苗期多阴雨、湿度大的年份根腐病发生重。花生根腐病俗称"鼠尾"，各生育期均可发生。花生播后出苗前染病，侵染刚萌发的种子，造成烂种不出苗；幼苗染病，主根变褐，植株枯萎；成株染病，主根根茎上出现凹陷长条形褐色病斑，根部腐烂易剥落，没侧根或侧根很少，形似鼠尾。地上植株矮小，叶片黄，开花结果少，且多为秕果。花生茎腐病俗称烂脖子病、倒秧病、掐脖瘟。花生生长前期和中期发病，子叶先变黑腐烂，然后侵染近地面的茎基部及地下茎，初为水渍状黄褐色病斑，后逐渐绕茎或向根颈扩展形成黑褐色病斑，地上部分叶片变浅发黄，中午打蔫，第二天又恢复。成株期感病后，约 10～30 天全株枯死，发病部位多在茎基部贴地面，有时也出现主茎和侧枝分期枯死现象。

（2）农业防治。一是实行轮作。轻病田隔年轮作，重病田轮作 3～5 年。与小麦、玉米等禾本科作物轮作，避免与大豆、甘薯套种、间种。二是收好、管好种子。做种用的花生要及时收获，及时晒干，存放在通风、干燥处，防潮、防霉。三是深翻改土。花生收获后及时深翻土地，以消灭部分越冬病菌，精细整地，提高播种质量。四是抓好以肥水为中心的栽培管理。合理施肥，注意施用净肥，增施腐熟的有机肥，追施草木灰；整治排灌系统，提高防涝抗旱能力，雨后及时清沟排渍降湿；在花生生长季节，及时中耕除草，促苗早发，增强花生抗病能力。及时拔除田间病株，带出田外销毁。

（3）化学防治。一是药剂拌种。用 50％多菌灵可湿性粉剂按种子重量的 0.3％～0.5％拌种。二是药剂浸种。用 50％多菌灵可湿性粉剂 0.5 千克对水 50～60 千克，浸泡花生种 100 千克，浸泡 24 小时取出播种。在浸泡过程中，要翻动 2～3 次，使种子均匀吸收药液，防病效果在 99％以上。三是药剂喷雾。当田间发病时，可用 70％甲基硫菌灵可湿性粉剂 1 000 倍液，每亩用药液 50～75 千克。一般于齐苗后的发病初期喷药一次，开花前再喷药一次。四是生长期药剂防治。每亩用 50％多菌灵可湿性粉剂 600 倍液，或 70％甲基硫菌灵可湿性粉剂加 50％多菌灵可湿性粉剂喷雾。在花生齐苗后和开花前后各喷 1 次，或者发病初期喷 1～2 次。用 72.2％霜霉威盐酸盐水剂 800～1 000 倍液喷雾，可兼治花生纹枯病、叶斑病等。

5. 锈病

（1）症状及危害。在花生各生育阶段均可发生，但以结荚期以后发生危害较为严重。在田间分布不均，开始时在某一株或几株或某小块田块上发病，形成发病中心，然后向四周扩展，严重时导致全田发病。主要侵染花生叶片，亦可为害叶柄、托叶、茎秆、果柄和荚果。首先从下部叶片开始发生，然后由下向上发展，严重时可导致整株发病。叶片染病初期，在叶片正面出现褪绿或淡黄色的针尖大小的斑点，后扩大为黄色病斑；在叶背面相应位置则呈黄白色至黄色稍隆起的小疱斑，随着病情的发展，疱斑变褐，表皮破裂露出红褐色粉末状物，远望似火烧状。

（2）农业防治。一是实行轮作，特别是春、秋花生不宜连作，以减少菌源。清洁田园，及时清除病蔓、自生苗，如在秋花生收获后，清除落粒自生苗1～2次；秋花生病株堆沤肥，室内病株应在春播前用完。二是改良土壤，挖通排水沟；高畦深沟，改大畦为小畦，降低田间湿度。因地制宜调节播种期，合理密植；少施氮肥，增施磷肥；下针期增施1次"黑白灰"，即用新鲜草木灰15千克、石灰粉15千克，混合后在早上露水未干时均匀撒施叶面，抗病防治效果好。

（3）化学防治。在发病初期喷药保护。始花期开始检查早播、低湿地花生田，当发病株率达15％～30％或近地面1～2片叶有2～3个病斑时即要进行喷药。可选用75％百菌清600倍液、胶体硫150倍液、15％三唑醇可湿性粉剂1 000倍液，或20％三唑酮乳油450～600毫升对水750千克，每公顷喷药液量900～1 125千克。残效期可达40～50天，全生育期喷1～2次即可达到良好的防治效果。喷药时加入0.2％展着剂（如洗衣粉等）有增效作用。

第五节　主要虫害

1. 地下害虫

（1）危害。花生田的地下害虫主要有蛴螬、蝼蛄、金针虫、地老虎等。地下害虫是影响花生发芽、坐果、结荚、产量以及品质的主要害虫，在花生整个生长发育期均可为害，是目前影响花生产量的最主要的虫害。主要的防治对象是蛴螬。地下害虫常在地下活动，隐蔽性强，为害期长且严重，常常造成缺苗断垄，影响花生坐果、结荚以及产量，轻者减产，重者甚至造成部分田块绝收。

（2）防治方法。一是诱杀成虫。于成虫羽化出土期，取 60 厘米长的新鲜榆树、杨树、柳树的枝条 3～5 根捆成一把，将其浸入 75%辛硫磷乳油 50 倍液或 45%辛·吡乳油 50 倍液中 5～6 小时，于傍晚将其插在田间，每亩插 10～15 把诱杀成虫。二是农业防治。合理轮作，避免重茬；秋季深翻，可以将害虫翻至地面，使其曝晒而死或被鸟雀啄食，以减少虫源。三是药剂防治。可种子包衣，不同的种衣剂，防治对象和效果也不一样，要根据当地情况选用适宜的种衣剂。或是药液浇灌。50%辛硫磷乳油或 50%毒死蜱乳油或 90%敌百虫1 000倍液灌根。或是撒毒土。每亩可选用 40%毒死蜱乳油 250～300 毫升或 40%辛硫磷乳油 250～400 毫升拌土 20～30 千克，或每亩选用 10%毒死蜱颗粒剂 1.5～2 千克，在花生墩周围均匀撒施，中耕后浇灌 1 次效果更佳。或是喷雾防治成虫。于成虫盛发期，选用 40%辛硫磷乳油1 000～2 000倍液，或用 4.5%高效氯氰菊酯乳油2 000～3 000倍液等，喷洒寄主植物防治成虫。

2. 蚜虫

（1）危害。花生自出土到收获，均可受蚜虫为害，但以初花期前后受害最重。蚜虫多集中在嫩茎、花瓣、花萼管以及果针上为害。受害严重时，花生生长停滞，叶片卷曲、变小变厚，影响光合作用和开花结实，蚜虫发生猖獗后，整棵花生的枝叶发黑，结荚甚少，成果秕，甚至枯萎死亡。

（2）防治方法。一是生物防治，花生蚜虫的天敌种类很多，重要的有瓢虫、草蛉、食蚜蝇等，田间百墩花生蚜量 4 头左右，瓢虫和蚜虫比为 1∶100～120 时，蚜虫可以得到有效的控制。二是合理耕作，实行麦田与花生田插花种植可以增加瓢虫的数量，有利于减轻蚜虫为害；在花生田周围种植豇豆等蜜源植物，有利于蛴螬的天敌臀钩土蜂的保护利用。三是化学防治，在花生开花前，当每墩达到 10 头时，或花生田有蚜株率达到 5%～10%时，应及时喷药防治。用 1.5%乐果粉或 2.5%敌百虫粉 0.5 千克，对细干土（砂）15 千克于早晚花生叶闭合时撒施到花生墩基部使其尽可能与虫体接触，杀蚜效果良好；40%氧乐果乳油 800～1 000倍液，或 50%

抗蚜威可湿性粉剂 1 000～1 500 倍液、50％马拉硫磷乳油 1 000～1 500 倍液、50％异丙磷乳油 1 500～2 000 倍液、10％吡虫啉可湿性粉剂 5 000 倍液，均能控制花生蚜的发生为害。

3. 红蜘蛛

（1）危害。红蜘蛛是为害花生的一种主要害虫，常以成螨、若螨聚集在花生叶片背面，吸食叶内汁液，破坏叶绿素，影响光合作用。受害叶片先出现黄白色斑点，最后形成白色斑点，边缘向背面卷缩。为害期为 6～8 月，在干旱年份往往发生猖獗，导致花生落叶严重，影响产量。

（2）防治方法。可用 1.8％阿维菌素乳油 3 000 倍液、15％哒螨灵乳油 1 000～1 500 倍液、40％三氯杀螨醇 1 500～2 000 倍液等喷雾防治。喷药时要均匀，一定要喷到叶背面，并对田边的杂草等寄主植物也要喷药，防止红蜘蛛扩散。

第六节　主要草害

我国花生田杂草多达 80 余种，以马唐、升马唐、毛马唐、止血马唐、牛筋草、野燕麦、狗牙根、大画眉草、小画眉草、白茅、雀稗等禾本科杂草为主，其发生量占花生田杂草总量的 60％以上。其次还有菊科、苋科、茄科、莎草科杂草等。

防治方法：

1. 土壤处理　用土壤处理剂又称苗前除草剂喷施于土壤表层，或在施药后通过混土把除草剂拌入一定深度的土壤中，形成除草剂的封闭层，待杂草萌发接触药层后即被杀死。乙草胺、扑草净、氟乐灵、五氯酚钠等均属土壤处理剂。覆膜栽培的花生田全部采用土壤处理剂，当花生播种后，接着喷除草剂处理土壤，然后立即覆膜。露地栽培的花生播种后，花生尚未出土，杂草萌动前进行药剂处理土壤即可。进入土壤立即钝化失去活性的除草剂不宜作为土壤处理剂。

2. 茎叶处理　用茎叶处理剂又称芽后除草剂稀释后，直接喷

7</rt>

7

施于已出土的杂草茎叶上，通过茎叶吸收和传导消灭杂草。吡氟氯禾灵、排草丹、灭草灵等均属茎叶处理剂。茎叶处理剂主要采用喷雾法。生育期茎叶处理的施药要适期，应在对花生安全而对杂草敏感的生育阶段进行，一般以杂草3～5叶期为宜。

第七节　黄曲霉毒素污染

随着全球气候变暖和花生生产过程中播种期提前、收获期提前、晾晒方法不当等原因，花生黄曲霉毒素污染现象日趋加重，特别是花生生产中与花生黄曲霉毒素污染极为相关的重要环节操作不当，更加重了花生黄曲霉毒素污染的发生。一是花生收获前4～6周，如果遇到严重干旱，黄曲霉菌即可侵染花生；二是花生收获后7天内如果不能使花生荚果含水量降至10%以下，籽仁含水量降至8%以下，花生黄曲霉毒素即极易发生；三是储藏或脱壳过程中如遇水，花生即极易发生黄曲霉毒素污染。

防治措施：

（1）花生收获前4～6周如遇严重干旱，应及时灌溉。

（2）收获后及时晒干花生，7天内必须使花生荚果含水量降至10%以下，籽仁含水量降至8%以下。

（3）花生储藏或脱壳过程中严禁使花生遇水。

（4）花生生产中应避免机械损伤。

（5）避免花生被蛴螬、金针虫等危害。

第三章 花生生产配套机械

第一节 花生播种机械

一、2BP-2 型铺膜播种机

1. 主要性能 河北农哈哈机械集团有限公司生产。机具配套动力 12～18 马力，铺膜宽度 900 毫米，作业行数 2，行距 320～520 毫米，作业效率 0.16～0.27 公顷/小时。

2. 技术特点 采用鸭嘴式排种器，更换不同充种器可播种不同作物，一机多用，在播种时可同时施 3 种肥料。

3. 适宜区域 花生主产区。

二、2MBQ-2/4 型气吸式铺膜播种机

1. 主要性能 新疆石河子市顺昌农机械厂生产。作业行数 4 行，行距 400 毫米，播种深度 25～50 毫米，作业效率 1.5～7 公顷/小时。

2. 技术特点 该机采用气吸式排种方式，主要适用于棉花的铺膜播种，更换部件后可用于玉米、花生等铺膜播种，可一次完成开沟、铺膜、覆土、播种、镇压及膜下滴灌带的铺设等作业。

3. 适宜区域 适合无杂草、土壤松碎的沙壤、轻黏类土壤。

三、2BQ-2 型气吸式精量播种机

1. 主要性能 沈阳市实丰农业机械厂生产。配套动力 15～40 马力四轮拖拉机，播种行数 2 行，生产效率 6～8 亩/小时，播种深度 20～70 毫米，施肥深度 20～100 毫米，行距 45～70 厘米，最大施肥量 80 千克。

2. 技术特点 以四轮拖拉机为配套动力。该机传动性能稳定，播种精度高，株距准确，出苗齐，同时可进行开沟、施肥、播种、覆土、镇压作业，可用于花生、玉米、大豆、高粱及其他经济作物的播种，亦可在 50～600 毫米范围内任意调整株距，具有结构合理，外形美观，体积小，运输灵活，作业方便等特点。

3. 适宜区域 花生主产区。

四、2BFD2-270-3B 型花生覆膜播种机

1. 主要性能 招远市佳山农业机械厂生产。机具配套动力为9～15 千瓦，适应膜宽 800～900 毫米，播种深度 30～50 毫米，穴距 170～210 毫米，穴合格率大于 80%，空穴率小于 1%，作业效率 4～5 亩/小时。

2. 技术特点 该机具结构紧凑，多部位可调，适应山区和平原，一次可完成起垄、施肥、播种、覆土、喷药、覆膜、镇压、膜上种行覆土等作业，具有小苗自行出膜的特点，免去人工打孔放苗。

3. 适宜区域 花生主产区。

五、2BJHM-4 型多功能节水花生覆膜播种机、SGTN-4 型多功能花生旋播覆膜机

1. 主要性能 河北永发鸿田农机制造有限公司生产。两种机具采用三点后悬挂连接方式，"内充含吐式"排种器，配套动力为50～75 马力，适应膜宽 800～950 毫米，作业行数 4 行，行距230～280 毫米，播种深度 30～50 毫米，穴距为 130～260 毫米，工作效率达到 0.53～0.80 公顷/小时。

2. 技术特点 2BJHM-4 型多功能节水花生覆膜播种机可配套旋耕播种，也可分开单独作业，一次性可完成蓄水、铺滴灌管、起垄、施肥、播种、喷药、覆膜、覆土、镇压、膜上压土等多项作业。SGTN-4 型多功能花生旋播覆膜机增加了旋耕、覆膜、喷药、膜上覆土装置，能同时完成旋耕整地、施肥、播种、喷药、覆膜、

压膜、膜上覆土等联合作业。

3. 适宜区域　花生主产区。

六、2BFD-2C 型多功能花生覆膜播种机

1. 主要性能　青岛万农达花生机械有限公司生产。外形尺寸（长×宽×高）2 200 毫米×1 150 毫米×910 毫米，整机质量 150 千克，配套动力 8.8～11 千瓦，作业效率 3～5 亩/小时，适应膜宽 800～900 毫米，播种深度 30～50 毫米，每幅播种 2 行，垄距 850～900 毫米，行距 270 毫米，穴距 150 毫米或 180 毫米或 200 毫米或 250 毫米，双穴率大于 95%，漏播率小于 0.5%，破碎率小于 1%，亩播种量 13～18 千克，亩施肥量 40～50 千克，亩喷药量 30～50 千克。

2. 技术特点　该机结构紧凑合理、功能齐全，一次作业可完成花生覆膜种植中的镇压、筑垄、施肥、播种、覆土、喷药、展膜、压膜、膜上筑土带。该机不需要人工打孔、掏苗和压土，用该机种植的花生，由于播种规范、覆土均匀、出苗时间比较集中、出苗全，完全符合花生覆膜种植的农艺技术要求。

3. 适宜区域　花生主产区。

七、2BHMX-6 型全秸秆覆盖地花生免耕播种机

1. 主要性能　农业部南京农业机械化研究所创制。工作幅宽 2 400毫米，播种行数 6 行，播种窄行距 280 毫米，宽行距 520 毫米，播种深度 30～50 毫米可调，施肥深度 50～60 毫米可调，刀轴、搅龙和风机转速均为 2 000转/分，配套动力为 55 千瓦以上轮式拖拉机，作业速度 3～7 千米/小时。

2. 技术特点　可一次性完成碎秸清秸、苗床整理、洁区施肥播种、播后均匀覆秸等作业工序。作业顺畅、可靠、高效，播种质量高；秸秆均匀覆盖在地表；通过更换不同施肥播种机构，还可满足全秸秆覆盖地免耕播种大豆、玉米、小麦等不同旱地作物。

3. 适宜区域　花生主产区。

4. 注意事项　该机还未进行产品鉴定,目前正处于小批量试制阶段。

八、2BHMX-4 型全秸秆覆盖地花生免耕垄作覆膜播种机

1. 主要性能　农业部南京农业机械化研究所创制。工作幅宽2 400毫米,播种行数 4 行,播种窄行距 280 毫米,宽行距 520 毫米,播种深度 30～50 毫米可调,施肥深度 50～60 毫米可调,刀轴、搅龙和风机转速均为2 000转/分,播种器形式为鸭嘴滚轮式花生专用排种器,配套动力为 55 千瓦以上轮式拖拉机,作业速度3～7 千米/小时。

2. 技术特点　可在前茬作物未经过任何处理的全秸秆覆盖地上,一次性完成碎秸清秸、苗床整理、洁区起垄覆膜、膜上打孔播种、苗带覆土、播后均匀覆秸等作业工序。

3. 适宜区域　花生主产区。

4. 注意事项　该机未进行产品鉴定,目前正处于小批量试制阶段。

第二节　花生两段式收获机械

一、4H-1 型铲链组合式花生挖掘机

1. 主要性能　山东潍坊大众机械有限公司生产。可与 8～13 千瓦小四轮拖拉机配套,生产率 2～5 亩/小时。

2. 技术特点　机具作业时,挖掘铲将花生主根铲断,随后夹持链将花生秧蔓夹持拔起并向后输送,部分土壤在输送过程中被分离。在夹持链末端,花生秧蔓被抛送摆放于机器尾部。

3. 适宜区域　该机适于播种面积不大的农户使用。

二、4H-1500 型铲链组合式花生挖掘机

1. 主要性能　农业部南京农业机械化研究所研制。配套动力

40～66千瓦，挖掘宽度1 500毫米，损失率小于3.5%，破损率小于1%，纯生产率2.5～5亩/小时，挖掘深度40～160毫米，结构质量520千克，外形尺寸2 480毫米×1 820毫米×1 190毫米。

2. 技术特点　该机能一次性完成花生挖掘、清土、铺放等作业。可与40千瓦及以上拖拉机配套，采用三点悬挂，主要由悬挂架、机架、挖掘铲、升运链装置、击振清土装置、动力传动装置、拢禾栅、地轮和动轮传动装置构成，可实现挖掘、清土和条铺作业，具有作业顺畅、秧土分离效果好等显著特点。

3. 适宜区域　主要用于花生主产区沙壤土、轻质壤土地的垄作、平作花生的收获。

三、4H-800型铲筛组合式花生挖掘机

1. 主要性能　农业部南京农业机械化研究所研制。与11～13.2千瓦小型拖拉机配套，纯生产率0.1公顷/小时，收获行数2行，损失率小于等于2.0%，破损率小于等于1%。

2. 技术特点　该机采用三点悬挂，主要由挖掘铲、立式单侧切割器、驱振组件、振动筛、行走轮、传动装置及机架等组成。

3. 适宜区域　主要用于沙壤土、轻质壤土地垄作、平作花生的收获。

四、4HS-2型铲带组合式花生挖掘机

1. 主要性能　河北永发鸿田农机制造有限公司生产。收获幅宽700～900毫米，生产率3～5亩/小时，可与12.3千瓦以上小四轮拖拉机配套。

2. 技术特点　铲带组合式花生挖掘机与铲链组合式花生挖掘机工作过程相同，采用柔性的夹持皮带，在秧蔓夹持输送过程中不及采用夹持链可靠，但结构简单小巧，设备成本相对更低，更易于被普通农户接受。

3. 适宜区域　适合小面积种植农户使用。

五、全喂入式花生摘果机

1. 主要性能　山东济宁市顺源机械设备有限公司生产。配套动力为 4～5.5 千瓦电机，柴油机 12 马力，即 9 千瓦，主轴转速 600～700 转/分，工作效率 0.3～0.6 公顷/小时，摘净率大于 99%，破碎率小于 1%，含杂率小于 1%。

2. 技术特点　用于晾干后的花生秧蔓摘果，采用钉齿式和篦梳式摘果原理，主要由机架、电动机（柴油机）、传动部件、摘果脱离部件、风机清选部件、振动机构组成。设备整机结构合理，场地间移动方便，既可干摘也可湿摘，工作效率高，花生荚果晾干后可直接装袋储藏。目前还存在功耗大、摘果不净、分离不清、破碎率高等不足。

3. 适宜区域　花生主产区。

六、4HZB-2A 型半喂入式花生摘果机

1. 主要性能　农业部南京农业机械化研究所研制。配套动力为 2～3 马力，辊筒转速 330 转/分，夹持链速 0.55 米/秒，辊筒直径 251 毫米，摘净率 99.7%，破损率小于 0.16%，作业效率 1 亩/小时。

2. 技术特点　该机主要由机架、夹持装置、导秧杆、摘果辊、传动系统等组成，通过相向旋转的摘果辊筒将花生摘下，其摘果质量及效率受花生秧蔓的整齐程度与喂入速度影响较大。具有生产率高、摘净率高、结构简单、体积小、功耗小且田间转移方便等显著优点。可与花生分段收获设备配合使用，亦可单独使用。

3. 适宜区域　南方地区鲜花生摘果作业。

七、捡拾摘果联合收获机

1. 主要性能　农业部南京农业机械化研究所创制。机具整机尺寸为 6 300 毫米×3 400 毫米×4 300 毫米；配套 90 千瓦的发动机；工作幅宽为 3.2 米，可完成花生 4 垄 8 行捡拾收获作业；设计

工作速度 0.4～2.0 米/秒，纯生产率可实现 6.9～34 亩/小时。

2. 技术特点　该设备由弹齿式捡拾收获台、刮板输送槽、切流弹齿摘果滚筒、两段式风筛选机构、气力输送装置等关键部件组成，能一次完成花生捡拾、输送、摘果、清选、集果等作业。

3. 适宜区域　花生主产区。

4. 注意事项　该机型目前已完成中试熟化，进入小批量试制阶段。

第三节　花生联合收获机械

一、4HLB-2 型半喂入联合收获机

1. 主要性能　农业部南京农业机械化研究所研发，纯生产率 0.15 公顷/小时，收获行数一垄 2 行，配套动力 30～35 千瓦，摘果率大于等于 99%，破损率小于等于 0.6%。

2. 技术特点　主要结构由分禾器、扶禾器、挖掘铲、夹持输送链、拍土器、液压升降杆、自走底盘、摘果辊、弹性挡帘、刮板输送带、清选筛、风机、横向输送带、秧蔓抛送带、主机架、秧蔓抛送链、提升机等部件组成。该机可一次完成挖掘、清土、摘果、清选、集果作业。以该机为共用平台，更换模块化设计的摘果部件和清选筛后，亦可兼收大蒜，提高了花生联合收获机利用率和经济性。

3. 适宜区域　花生主产区。

二、4HLB-4 型半喂入联合收获机

1. 主要性能　农业部南京农业机械化研究所创制。摘果率为 98.9%，总损失率为 3.3%，破损率为 0.2%，含杂率为 3.1%，作业效率可达 6～7 亩/小时。

2. 技术特点　一次收获两垄（4 行）花生，该收获机主要结构由分扶禾器、限深轮、挖掘铲、拍土杆、夹拔输送链、左收获台架、右收获台架、传动系统、弹性压杆部件、左合并夹持链部件、

右合并夹持链部件、底盘总成、过渡夹持输送部件、摘果输送链、摘果辊、刮板输送带、振动清选筛、前后风机、横向输送带、提升机、抛草输送链、果箱等部件组成。该设备收获台可适应不同的花生种植垄距，具有良好的作业顺畅性和适应性，摘净率高。

3. 适宜区域 花生主产区。

4. 注意事项 目前已完成中试熟化，进入小批量试制阶段。

三、4HB-2A 型半喂入联合收获机

1. 主要性能 青岛弘盛汽车配件有限公司生产。该机配套动力为 22.1 千瓦，工作效率 1.5～2.5 亩/小时。

2. 技术特点 是一种轮式自走式半喂入联合收获机，该机主要由收获器、链条输送装置、摘果装置、清选装置、升运器、储粮箱及防护装置等部分组成，可一次性实现花生的分禾、扶禾、挖掘、起拔、输送、去土、摘果、清选、集箱作业。

3. 适宜区域 花生主产区。

四、4HQL-2 全喂入联合收获机

1. 主要性能 青岛农业大学研制。履带自走式。摘果率为99.6%，总损失率 3.3%，破损率 2.0%，含杂率 2.2%，已通过农业部农机鉴定总站鉴定。

2. 技术特点 主要作业流程为花生挖掘→夹持输送→振动拍土→喂入摘果滚筒→摘果→逐稿器逐出花生秧→风机振动筛清选花生→螺旋输送器输送花生→升运器升运花生→集果箱。可一次完成花生的挖掘、去土、夹持输送、摘果清选、集果等作业，对不同品种的花生适应性强，可以收获倒伏的花生，去土效果好、机械掉果损失少，具有结构简单、夹持可靠、制造容易、使用方便等优点。

3. 适宜区域 花生主产区。

五、4HB-2 型花生联合收获机

1. 主要性能 青岛荣通达农业机械有限公司研制。配套动力

20 马力以上轮式拖拉机，作业幅宽 700 毫米，工作效率 2～3 亩/小时，损失率小于 2%，破碎率小于 2%，总体尺寸 2 600 毫米× 1 800毫米×2 050 毫米。

2. 技术特点　拖拉机前行时，挖掘铲将花生刨出地面，秧果进入往复振动摆筛落土机构实现秧果的碎土、落土，秧果由输送机构的钩链带着往前并往上输送，辅助输送机构使秧果顺利通过拐弯处，秧果运送到顶端主动轮后喂入摘果滚筒进行果秧分离，主动轮下方的摘秧机构上配有伸缩齿，可将回带的秧果打入摘果滚筒，起到辅助喂入作用。果秧分离后，秧、叶等杂物被分离清选，果实进入集果箱。

3. 适宜区域　花生主产区。

第四篇　向日葵

第一章　向日葵高产栽培技术

第一节　单种向日葵高产栽培技术

一、技术概述

单种向日葵是我国东北、华北和西北各向日葵主产区主要的种植形式。在实际应用中，因为耕作制度的差异，又分为垄作和平作两种形式。平作中又有等行距和大小行之分。各地应根据当地生产习惯和耕作制度，因地制宜采用适宜的种植形式和播种时间等技术内容。

二、技术要点

1. 整地　在整地前每亩施农家肥 1 000～2 000 千克，采用深松旋耕联合整地技术精细整地。

2. 施肥　采用向日葵测土配方施肥技术。

上等地：杂交向日葵每亩施种肥磷酸二铵 10 千克＋钾肥 5 千克或向日葵配方专用肥（N_8-P_2O-K_{17}）20 千克，每亩开沟深施尿素 15 千克。

中等地：杂交向日葵每亩施种肥磷酸二铵 15 千克＋钾肥 8 千克或向日葵配方专用肥（N_8-P_2O-K_{17}）25 千克，每亩开沟深施尿素 20 千克。

下等地：杂交向日葵每亩施种肥磷酸二铵 20 千克＋钾肥 10 千克或向日葵配方专用肥（N_8-P_2O-K_{17}）30 千克，每亩开沟深施尿素 20 千克。

3. 覆膜 在 4 月底 5 月初用 70 厘米地膜覆盖，在覆膜时如有杂草可除草后再覆膜，覆膜后根据水情浇水后破膜播种。有条件的区域可应用膜下滴灌水肥一体化技术。

4. 品种选择 坚持良种、良田、良法相配套的原则，2015 年食用向日葵主推 3638C、JK103、SH363、X3939、SD997、先瑞 12、AD6199、C8368 等品种。

5. 种植密度 食葵大行 80 厘米，小行 40 厘米，株距 43 厘米，亩留苗 2 584 株左右。

株行距配置上应根据土地条件和品种特性、特征进行调整，土地好，品种植株高大，叶片大而多的应适当稀一点。

6. 播种

（1）播期：5 月 25 日至 6 月 10 日播种为宜。

（2）播种方法：采用破膜点播，在水后地能撑住人时，进行破膜打孔，穴深不超过 3 厘米，随打孔随播种，每穴一粒种子要平放于穴中，用砂或细土封孔。或者机械播种。

7. 田间管理

（1）苗期管理。向日葵出苗后要及时查看苗情，如有缺苗及时移苗补栽。在幼苗期，深施磷酸二铵每亩 15 千克、氯化钾 5 千克。向日葵头水前后要进行中耕除草，中后期人工拔除田间大草。

（2）浇水施肥。向日葵整个生育期浇 3 次水为宜，分别在现蕾期、开花期和灌浆期。现蕾期浇第一水，结合浇水，追施尿素 15 千克、氯化钾 5 千克。开花期浇第二水，根据向日葵长势，可亩追施尿素 15～20 千克。向日葵灌浆期，视天气和向日葵长势灵活掌握浇第三水，注意防止倒伏。

8. 病虫害防治 大力推广向日葵病虫害绿色防控技术，使用生物农药等绿色防控措施，提升非化学防治技术和科学用药等绿色防控技术的推广普及率，减少化学农药使用量和污染。

（1）向日葵螟防治技术。①选用杂交种适期晚播。②向日葵螟在巴彦淖尔市1年发生2代，世代分明且整齐，无世代重叠现象。杂交花葵播种期安排在5月25日至6月10日，能够避开或缩短向日葵花期与向日葵螟成虫发生期的重叠时间。③释放赤眼蜂生物防控。在向日葵筒状小花50％开放后为释放赤眼蜂最佳时期。蜂卡放置在葵盘下1～2片叶的背面，放蜂量为3万头/亩左右。④性引诱剂诱杀。5月初开始设置性引诱剂诱捕器，每亩放置1～2套诱捕器。⑤频振式杀虫灯诱杀。主要是利用葵螟成虫的趋光性来诱杀成虫。5月初开始挂置频振式杀虫灯，每50亩1盏灯，灯间距离180～200米，离地面高度1.5～1.8米，呈棋盘式分布。

（2）向日葵黄萎病防治技术：①合理科学选用抗（耐）病品种。②适期晚播。将播种时期调整在5月25日至6月10日，可减轻病害的发生。③生物防控。选用向日葵专用抗重茬菌剂防控向日葵黄萎病，制剂与化肥混合均匀一起施入土中。根据上年发生程度使用3～6千克/亩。

9. 收获　采用插盘晾晒法收割向日葵，植株茎秆变黄，中上部叶片为淡黄色，花盘背面为黄褐色，舌状花干枯或脱落，果皮坚硬，即可收获。插盘晾晒法通风透气性能好，不霉变不脱皮，降低损失，葵花籽干净美观。晾晒时间短、效果好，不仅能抢占市场先机，还能获得更高的价格。

三、注意事项

一是使用国家审定品种，二是播种时间根据当地无霜期及品种生育期确定，三是浇水时间和次数根据当地耕作制度及天气情况确定，四是技术使用前咨询相关地区农业技术推广部门。

四、适宜区域

新疆、内蒙古、山西、吉林、黑龙江等地区。

第二节 向日葵地膜覆盖栽培技术

一、技术概述

向日葵地膜覆盖栽培技术是西部地区向日葵栽培过程中采用的主要技术，该项技术具有实用性强、增产效果好、适用范围广的优点，对向日葵产量和品质的提升都具有很好的效果。

二、技术要点

1. 选地、整地与基肥

（1）选地。向日葵对前作要求不严格，除甜菜等深根系作物外，禾谷类作物、豆类作物等均是向日葵的良好前茬。前作喷施过多农药的不宜种植向日葵。应选择土地平整、灌排条件好的中轻度盐碱地或肥力中等以上的壤土地，实行 3 年以上轮作。

（2）整地。上年要搞好秋翻和秋浇。秋翻深度要超过 20 厘米，力争每 3 年深松 1 次；秋浇要视轮水周期灵活掌握，有条件的情况下尽可能推迟秋浇时间，并要保证秋浇质量，以确保下年土壤墒情。其次，在向日葵播种前要认真检查土壤墒情，针对土壤墒情和不同品种确定整地方法。生育期较长的常规品种，因播种期早，一般在 4 月中旬，可采取先整地后播种的方法；生育期较短的杂交种，因播种期较晚，一般在 5 月下旬，可采取先整地后盖膜，然后浇水，水后播种的办法。

（3）基肥。在有条件的地区，可结合秋翻每亩翻压腐熟有机肥 2 500～3 000 千克。向日葵播种前深施种肥，一般以亩施 10 千克磷酸二铵或 15 千克三元复合肥为宜。

2. 品种选择与播种

（1）选种。由于地膜覆盖能有效提高向日葵全生育时期的地温，因此在栽培过程中可以选择生育时期较长的品种。一般选用生育期 100 天的包衣种子，油用向日葵杂交种选用 G101、S33 等；食用向日葵杂交种选用 RH3148、765C、3638C 等。

（2）种子处理。播前晒种 2～3 天，以增强种子内部酶的活性，提高发芽势和发芽率。未包衣种子用 40％辛硫磷乳油 150 毫升，对水 5～7.5 千克，拌种 25～30 千克进行种子处理，以防地下害虫。预防菌核病可用 50％多菌灵可湿性粉剂 500 倍液浸种 4 小时，或用菌核净、甲基硫菌灵以种子量的 0.5％～0.6％拌种。

（3）播种及密度。采用机播或人工穴播，每穴 2 粒，或隔穴播单粒，再隔穴播双粒，播深视土壤墒情而定，播种不宜浅于 3 厘米。一般播深为 5 厘米，播后浅覆土，亩播量 0.5 千克左右。播种时间为 5 月 25 日至 6 月 5 日。采用大行 80 厘米，小行 40 厘米的方式种植，食用向日葵杂交种亩留苗 3 300 株，株距 33 厘米。油用向日葵亩留苗 3 700 株，株距 27 厘米。采用先覆膜后播种，盖膜后及时浇水，水后待地快干时播种。

3. 田间管理

（1）苗期管理。出苗后要及时查苗补缺，缺苗较长的地段要进行人工催芽补种，缺苗较短的地段要就近留双苗。1～2 对真叶时间苗，2～3 对真叶时定苗。

（2）除草。结合间定苗进行中耕除草，或者在间定苗后药剂除草。

（3）疏杈打叶。植株出现分杈时，应及时打掉。如果密度过大，病虫害严重，通风透光不良，有徒长现象时，在开花授粉后，可适当地打掉部分老叶。

（4）肥水管理。向日葵现蕾期浇头水，结合浇水亩施尿素 15 千克，向日葵开花期浇第二水，此时要根据天气变化和土壤的需水程度灵活掌握，如需浇水则要浅浇、快浇，防止倒伏。

4. 病虫害防治

（1）虫害。害虫主要有金针虫、地老虎、草地螟、金龟子、向日葵螟。可用氧乐果配制毒饵除治。向日葵螟可用频振式杀虫灯诱杀成虫，每隔 100 米左右安装 1 盏频振式杀虫灯，每盏灯控制面积为 20～30 亩。也可每公顷悬挂性诱剂诱芯 30 枚诱杀向日葵螟雄虫。或在向日葵开花初期释放赤眼蜂，在向日葵螟成虫盛发期放第一遍蜂，放蜂量约为 12 万头/公顷，隔 3～4 天放第二次蜂，放蜂量为 22.5 万～30.0 万头/公顷，防治效果可达 70%以上。

（2）病害。主要有锈病、菌核病、黄萎病等。锈病从幼苗到成株均能为害，防治办法有：选用抗病品种、轮作、增施钾肥或用 25%萎锈灵可湿性粉剂 2 000 倍液进行茎叶处理。

5. 收获　植株茎秆变黄，中上部叶片变淡黄，花盘背面呈黄褐色，舌状花干枯或脱落，籽粒坚硬即可收获。向日葵收获后正值秋末季节，气温较低，土地比较潮湿，要勤晾晒，早脱粒，防止向日葵发霉变质而降低商品价值。

三、注意事项

一是地膜覆盖栽培要做好杂草控制；二是为了缓解病虫的危害，播种时间可根据当地无霜期及品种生育期适当推后；三是地膜选择可根据当地栽培习惯进行调整。

四、适宜区域

内蒙古、新疆、山西、宁夏、甘肃、吉林等地区。

第三节　盐碱地向日葵栽培技术

一、技术概述

西北、华北地区有相当数量的盐碱地由于盐碱含量高而不能种植农作物，通过选用耐盐品种、地膜覆盖、增施农家肥、掺沙改土等耕作措施，在盐碱地种植向日葵，既不与粮争地，又能增加向日葵种植面积，同时还能改良土壤，提高产量，是挖掘油料生产面积潜力、是提高我国油料自给率的有效途径之一。通过几年的改良，使其变为可利用的耕地，为日趋减少的耕地面积提供补充，也为今后种植粮食作物，保障粮食安全打下基础。

二、技术要点

1. 栽培准备

（1）选地。选择土地平整、灌排条件好的中度盐碱地，实行 3 年以上轮作，切忌选重茬和迎茬地。

（2）整地。首先，要搞好秋翻和秋浇。秋翻深度要达到 20 厘米以上，力争 3 年深松一次土地。秋浇要视轮水期灵活掌握，有条件的情况下尽可能推迟秋浇时间，并要保证秋浇质量，以确保下年土壤墒情。其次，在第二年向日葵播种前要认真检查土壤墒情，针对土壤墒情和不同品种确定整地方法。可采取先整地后播种的方法，即播前先用三铧犁浅翻或用旋耕机耕翻土地，之后及时纵横耙平，镇压后即可播种。生育期较短的杂交种，因播种期较晚，一般在 5 月下旬或 6 月上旬，此时气温升高，蒸发量大，土壤墒情较差，可采取先整地后盖膜，然后浇水，水后播种的办法。

（3）基肥。在有条件的情况下，可结合秋翻每亩翻压腐熟有机肥 2 500～3 000 千克，配合采用磷石膏治碱、掺沙压碱、施用商品有机肥等技术措施降低盐碱危害，培肥地力。向日葵播种前都必须深施种肥，一般以每亩 10 千克磷酸二铵或 15 千克三元复合肥为宜。

2. 栽培模式

（1）播前灌水压碱。在播种前通过灌水把盐分压到耕层以下，为种子萌发创造低盐环境。

（2）施用磷石膏和育苗移栽相结合。在原料来源方便的地区，可以在整地时每亩施用磷石膏 3 000 千克，通过离子代换降低土壤盐分。此项措施可以提高出苗率 20%，土壤全盐含量由 4.5 克/千克降到 2.5 克/千克，同时结合育苗移栽，既可以有效保证向日葵的成活率，又能增加苗期植株对盐碱的抵抗效果，同时延长生育周期，增加产量。

（3）开沟起垄。垄侧种植避开垄台积盐、垄沟积水的不利影响，可以有效提高出苗率，垄侧种植的出苗率为 78%，垄沟种植的出苗率为 42%，两者相差 34 个百分点，保苗率也得到有效的提升。

（4）地膜覆盖。通过地膜覆盖，改变水盐运行规律，降低膜内盐分含量，有利于出苗。据测定，覆膜后土壤盐分降低 0.33%，水分提高 12.5%，温度提高 2.5℃，出苗率提高 10%。

（5）压沙改土、增施农家肥。压沙后，改善了土壤结构，降低了土壤含水量及含盐量，而且易于耕作和管理。增施农家肥可改善盐碱地土壤结构，而商品有机肥又能快速提高土壤有机质含量，是改良盐碱地的有效快捷方式。压沙后盐分可由 5.5 克/千克降到 2.2 克/千克，出苗率由 44% 提高到 92%。同时也降低了土壤有机质含量，因此需通过增施农家肥来提高有机质含量，也可用商品有机肥替代农家肥快速提高土壤养分含量。农家肥亩施 3 000 千克，商品有机肥亩施 100 千克，施用后土壤含盐量由 2.18 克/千克降到 1.88 克/千克，土壤有机质由 10.8 克/千克提高到 12.1 克/千克和 16.4 克/千克。

（6）闷种及沙土封盖播种孔。盐碱地由于土质黏重，土壤含水量高，播种后容易在播种孔形成板结，影响出苗，对于手工播种的地块，可以先播种，并用沙土封盖播种孔，然后浇水压碱，这样播种孔不会因盐碱形成板结，既可提高出苗率又能使播种时间提前。

（7）旱作管理。盐碱地向日葵生育期间浇水后植株会死亡，试验采取播前浇水压碱，生育期间不浇水，不施肥，只进行旱作管理。

（8）配套绿色病虫防控技术。向日葵螟是直接影响向日葵品质的虫害，通过频振式杀虫灯和性诱剂诱杀，可降低虫口密度，减轻危害。

3. 栽培品种选择 食葵选用 SH909、DC6009、CL135 等。油葵选用 G101、S33、澳洲 4 号、KWS303，搭配 S47、KWS203 等，种子的质量要达到国家规定标准。

三、注意事项

一是为了保证产量，种植应尽量选择在中轻度盐碱地上；二是整地要严格按照技术规程进行，不同盐分含量的盐碱地可酌情进行微调，但需要咨询技术人员后做出调整；三是几种改良措施可同时使用，也可以单独使用，同时使用时要注意先后顺序。

四、适宜区域

内蒙古、山西、吉林等地区。

第四节　小麦套种晚播向日葵高效栽培技术

一、技术概述

小麦套种晚播向日葵综合高产栽培技术是在传统的小麦套种向日葵立体种植技术基础上的改进和创新，它是间混套复种传统农业耕作措施与优良品种、化学肥料、农业机械等现代栽培技术手段的有机结合，是更好地提高光、热、水、土等自然资源利用率，大幅度提高单位面积产量和效益的重要技术措施。该项技术是集高产、优质、高效于一体的栽培技术，一般可使小麦亩产达到 320 千克，比常规套作模式增产 25 千克，向日葵较常规套作增产 35 千克，两项合计亩增加经济效益 150 元左右。

二、技术要点

1. 选地、整地　选择中等以上肥力，3 年内未种过向日葵，小麦全蚀病较轻的地块。要求秋深耕 20 厘米以上，如有条件，每 3 年深耕一次，通过深翻，减轻小麦、向日葵的病虫草害，有利于根系的生长发育。可结合秋翻每亩压优质农家肥 2 500 千克或碳酸氢铵 50 千克。播前要精细整地，达到地平、土碎、墒好、墒匀、地表无根茬和无残膜，活土层达到 6～8 厘米。

2. 带型及密度　采用 400 厘米机收带型：小麦播 20～22 行，

带宽 247 厘米；向日葵播 4 行，带宽 153 厘米。向日葵距小麦边行距 27 厘米，向日葵小行距 27 厘米，大行距 45 厘米。食用向日葵株距 33 厘米，亩留苗 2 200 株；油用向日葵株距 27 厘米，亩留苗 2 800 株。

3. 播种

(1) 品种选用。小麦选用矮秆抗倒、丰产性状好、抗病性较强的中熟品种，巴彦淖尔市以永良 4 号为主，搭配品种为巴优 1 号和临优 1 号，要求选用原种或一级良种；向日葵选生育期 100 天左右的矮秆杂交种。

(2) 种子处理。小麦选用包衣种子，未包衣种子播前晒种 2～3 天，再用 40% 甲基异柳磷乳油拌种，方法是用 50 克甲基异柳磷对水 5 千克，拌小麦种子 50 千克，闷种 4～6 小时，基本阴干后播种，向日葵最好选用包衣种子，未包衣种子用甲基异柳磷等药剂拌种处理。

(3) 深施种肥。小麦播种时每亩带 25 千克磷酸二铵，在小麦播种时用种肥分层播种机随小麦播种同时施入。小麦播种后或向日葵播种前，在向日葵带内每亩深施磷酸二铵 10 千克或三元复合肥 15 千克。具体操作是用播种机或三腿小铁耧。

(4) 适时播种。小麦的播期为 3 月 15～25 日，最晚不能超过 3 月底，进入 4 月播种小麦会明显减产。播种时每亩按 35 千克调播量，实际播量由于带比不同，大约在 17.5 千克。向日葵的播期为 5 月 25 日至 6 月 5 日，播种过晚会使向日葵植株茎秆变细、变高，不抗倒伏，影响产量。小麦实行缩垄增行，种肥分层机械播种，亩施磷酸二铵 25 千克作种肥；向日葵实行精量点播和基肥侧深施，亩施磷酸二铵 10 千克或三元复合肥 15 千克作种肥。

种植时必须实行划行播种，小麦播种前按确定的带型划行，分出小麦、向日葵的种植带，小麦先种两边，后种中间，从而保证小麦不挤占向日葵的地段；向日葵在种植前同样划行后，采用人工挖穴点播或使用点播器播种。每穴 2 粒，三角留苗。亩播量食用向日葵大约为 0.6 千克；油用向日葵大约为 0.5 千克。向日葵播种时要严格把握向日葵距小麦边行的距离，切忌低于 24 厘米，否则向日葵茎秆细弱，倒伏严重。

4. 田间管理

（1）除草。小麦出苗后及时松土灭草，可用 2，4-滴丁酯或苯磺隆化学除草。

（2）肥、水管理。小麦浇头水时亩追施尿素 20～25 千克，头水后及时用苯磺隆进行药剂除草，小麦的后三水分别在拔节期、抽穗期、灌浆期浇灌。

（3）向日葵 1～2 对真叶时间苗，3～4 对真叶时定苗，结合间苗、定苗进行中耕除草。小麦浇第三水时，正好是向日葵的头水，也是向日葵的现蕾初期，要结合浇水给向日葵亩追施 15 千克尿素。小麦浇第四水时正是向日葵的第二水，此时是向日葵的现蕾后期、开花前期，要视向日葵的生长情况灵活掌握，如缺肥可亩追尿素 7.5 千克。小麦收获后，正值向日葵开花期，要浇好开花水，但要根据气候变化和水情，灵活掌握向日葵的浇水，防止向日葵倒伏。

（4）病虫害防治

小麦：为防治地下害虫，播前每千克种子用 75% 萎锈·福美双可湿性粉剂（含福美双 37.5%）2.2～2.8 克拌种或选用 20% 三唑酮乳油 32 毫升，对水 5 千克拌种 50 千克。如发生蚜虫，可选用 50% 抗蚜威可湿性粉剂 10～20 克，对水 30 千克喷雾防治。

向日葵：锈病发生初期可用 15% 三唑酮可湿性粉剂 800～1 200 倍液喷雾预防。

5. 适时收获　小麦成熟后及时收获，早日为向日葵的生长创造宽松的条件。当向日葵植株茎秆变黄，中上部叶片为淡黄色，下部叶片枯黄，花盘背面为黄褐色，舌状花干枯或脱落，果实坚硬，种皮呈固有颜色时即可收获。向日葵成熟后要分品种收获，分品种晾晒，分品种脱粒，分品种储藏和销售。特别要注意的是向日葵收获时正值秋季多雨时节，加之秋浇，地表比较潮湿，向日葵收获后要勤晾晒，早脱粒，防止霉变而降低品质。

三、注意事项

一是为了便于小麦机械化收割，应该严格控制小麦带宽；二是要严格控制前期的浇水时间和次数；三是小麦收割后可根据向日葵生长情况适当进行肥水管理。

四、适宜区域

内蒙古河套灌区、宁夏等地区。

第五节　向日葵地膜二次利用免耕栽培技术

一、技术概述

地膜二次利用免耕栽培向日葵是对前茬作物玉米种植时使用过的地膜进行再利用，通过免耕栽培向日葵，起到减少田间作业次数、延长地表覆盖时间、减少风蚀、保护地表土的作用。具有一次铺膜两年使用，降低成本，提高效益，操作简单，易懂易学，减少风蚀，培肥地力，降低污染，保护环境等多重效应。与露地种植向日葵相比，地膜二次利用免耕栽培亩产量达 275 千克，比对照亩增产 25～50 千克，增收 100～200 元。同时节约机耕费、整地费、播前浇水费、种肥费等费用 70 元，节本与增效合计 170～270 元。

向日葵免耕栽培的技术特点：一是对地膜再次利用，一次铺膜两年使用，节约生产成本。二是利用地膜具有的保水、保肥、增温、灭草、增产等作用，提高出苗率，减轻劳动强度，提高产量。三是节约投入，免耕播种减少 1 次播前整地，不施用种肥，苗期利用前作遗留的肥料，降低了生产成本。四是保护生态环境，延长土地覆盖时间，减少风蚀，减轻扬尘。五是提高土壤肥力，地膜下土壤全氮、速效磷、有效磷含量比露地分别提高 0.17～0.57 克/千克、8.8～21.8 毫克/千克、0.3～1.0 毫克/千克，pH 由对照田的9.08 降到 8.87。

二、技术要点

地膜二次利用免耕栽培向日葵是利用前茬作物使用过的地膜种植向日葵，既降低生产成本，又提高向日葵产量，同时还具有免耕保护农田生态环境的作用。

1. 技术措施

（1）玉米收割。玉米收割时使用镰刀，不要用刨锄清茬，以免损坏地膜，玉米留茬高度 10～15 厘米。同时，在拉运过程中避开地膜，以免地膜破损。

（2）秋浇地。10 月中旬浇秋水。

（3）品种选择及种子处理。食用向日葵杂交种选用 LD5009、LD9091、LD1355、RH3146、SH909、SC89、DK119 等；油用向日葵选用 G101、S33、S18、T562、S65 等。

播前晒种 2～3 天，以提高发芽势和发芽率。未包衣种子用 40% 辛硫磷乳油 150 毫升，对水 5～7.5 千克拌种 25～30 千克进行种子处理。预防菌核病可用 50% 多菌灵可湿性粉剂 500 倍液浸种 4 小时，或用菌核净、甲基硫菌灵以种子重量的 0.5%～0.6% 拌种。

（4）播种。5 月下旬至 6 月初播种，播种前 7～10 天用除草剂进行地表灭草。方法为：用 20% 百草枯水剂 200～300 毫升，对水 30～40 千克地表喷雾，或每亩用 10% 草甘膦水剂 400～700 毫升，对水 30～40 千克地表喷雾。播种时不施种肥，按 43 厘米左右株距，在玉米的茬间地膜上用人工点播器点种，播后浅覆土。沙性土壤在浇水前播种，黏性土壤浇水后播种。亩留苗 3 000～3 500 株。

（5）田间管理。查苗补缺：出苗后要及时查苗补缺，缺苗较长的地段要进行人工催芽补种，缺苗较短的地段要就近留双苗。

间苗、定苗：1～2 对真叶时间苗，2～3 对真叶时定苗，定苗时留成单苗。

中耕除草：出苗后对地膜间杂草进行人工清除。

水肥管理：现蕾期结合浇头水，每亩施尿素 20 千克，水后中耕除草 1 次。开花前浇第二水。

授粉：面积大且集中的地块，要利用蜜蜂授粉，提高向日葵结实率。有条件的要开展人工辅助授粉。

2. 病虫害防治

（1）菌核病。用 50％腐霉利可湿性粉剂 1 000 倍液，或 4％菌核净可湿性粉剂 800 倍液在初花期喷在花盘的正反两面，每隔 7 天喷药 1 次，现蕾期喷一次，开花前再喷一次。

（2）锈病。可在 7 月中旬，每亩用 15％三唑酮可湿性粉剂 800～1 200 倍液喷施防治。喷药时间要选择在上午 10 时前或下午 6 时以后的无风无雨天进行，如喷施后遇雨，则需要重新补喷。

3. 收获　植株茎秆变黄，中上部叶片变淡黄，花盘背面呈黄褐色，舌状花干枯或脱落，籽粒坚硬即可收获。收获时要分品种收获，分品种摊晾，分品种脱粒，分品种储藏和销售。收获后要勤晾晒，早脱粒，防止向日葵发霉变质，降低商品价值。

三、注意事项

一是收获时应尽量避免对地膜造成损害；二是头茬作物收获后，上冻前应及时浇灌，保证地膜的完整性，防止牲畜破坏；三是严格按照栽培技术规程选择品种；四是播种后出苗前应做好杂草防除，最好使用封闭除草的方式进行杂草防除。

四、适宜区域

内蒙古、甘肃、宁夏等地区。

第六节　向日葵膜下滴灌水肥一体化高产栽培技术

一、技术概述

膜下滴灌是地膜栽培与滴灌技术的有机结合，是当今最先进的节水灌溉技术措施。与传统灌溉相比，实现了三个转变：一是从大水漫灌转向浸润式灌溉；二是由浇地变为浇作物；三是从单一浇水转向浇营养液。膜下滴灌技术有以下作用：一是节水，较传统漫灌节水 80% 以上；二是节肥，肥料利用率提高 40%～50%；三是地膜增温；四是省工，每亩省去劳动用工 2～3 个；五是省地，省去修渠、打埂用地，节约土地 5%～8%。

二、技术要点

1. 选地与整地　选择土层深厚、有机质含量高、地力中等以上的地块，切忌选用黏性土壤。前茬以瓜类、小麦、豆类为宜，并实行 4 年以上轮作。前茬作物收获后及时灭茬深耕，有条件的要进行春浇地。早春及时翻耕耙糖，达到上虚下实无坷垃、地面平整无残茬的待播状态，为覆膜、播种创造良好的条件。结合春耕整地亩施优质腐熟农家肥 2 000～3 000 千克。

2. 品种选择　选用早熟、高产、抗病的优良品种，食用向日葵选用黑白边、LD5009 等品种；油用向日葵选用 S31、赤葵杂 2 号等品种。

3. 开沟、施肥、铺带、覆膜　抓住土壤墒情好、劳动力充足的有利时机提早覆膜。采用大行距 60～70 厘米，小行距 40 厘米的种植带型，选用幅宽 120 厘米、厚 0.008 毫米的地膜。首先开好施肥沟，施入基肥，一般亩施 64% 磷酸二铵 7.5～10 千克、50% 硫酸钾 5 千克，或向日葵专用肥（$N：P_2O_5：K_2O=15：10：20$）15～20 千克，注意肥种隔离避免烧苗。再开好播种沟，随即将滴灌带铺到小垄中间，盖上地膜，滴灌带的铺设和覆膜可同步进行，地膜与地面贴紧，膜要压严，以防止大风揭膜，如有破损，应及时用细土盖严。还可以采用膜下滴灌播种机一次性完成开沟、施肥、铺滴灌带、覆膜几项作业。

4. 适期晚播，合理密植　为避免高温多雨与花期相遇，生产上一般采用适期晚播。播种期一般控制在 5 月中下旬，用点播器破膜穴播，每穴播 1～2 粒种子，播深 3～5 厘米，食用向日葵常规种亩留苗 1 700～2 200 株，杂交种亩留苗 2 300～2 800 株，油用向日葵亩留苗 3 200～3 700 株。

5. 田间管理

（1）苗期管理。出苗后及时检查苗情，如有被地膜盖住的苗要及时放出，1～2对真叶时间苗，2～3对真叶时定苗。

（2）灌水。根据土壤墒情，如播后几天内无降雨，应抓紧时间滴灌出苗水，湿润深度达到15～20厘米即可。苗期需水较少，一般不需灌水。需水期主要集中在现蕾期、开花期和灌浆期，因此这三个时期每个时期应保证浇一水，还要视降水情况决定是否再多灌水1次，全生育期灌水3～4次。

（3）施肥。在现蕾期破膜亩穴施尿素10千克，或自现蕾期开始结合滴灌，随水分次施入尿素10千克，施肥在灌水30～45分钟后开始，灌水结束前30分钟终止。

（4）辅助授粉。当向日葵植株田间开花数达到70%以上时，进行人工辅助授粉，每隔3天进行1次，共授粉2～3次。

（5）病虫草害防治。虫害主要有地老虎、蛴螬、蝼蛄、向日葵螟等。地老虎、蛴螬、蝼蛄等地下害虫可亩用50%辛硫磷乳油500～600毫升，对水2～3千克，用30千克细沙土拌成毒土，在耕后耙糖前撒施防治。向日葵螟可于开花前后用48%毒死蜱乳油1 000～1 500倍液喷洒花盘，或用20%氰戊菊酯乳油2 000～3 000倍液等进行防治，也可释放赤眼蜂等进行防治。

病害主要有菌核病、锈病、黄萎病等。

①菌核病：播前用50%腐霉利可湿性粉剂或50%菌核净可湿性粉剂按种子量的0.3%～0.5%拌种。在发病初期用40%菌核净可湿性粉剂500倍液逐株灌根，或初花期用50%腐霉利可湿性粉剂1 000倍液喷在花盘两面防治。

②锈病：在发病初期用15%三唑酮可湿性粉剂800～1 200倍液喷雾防治。

③黄萎病：50%多菌灵或甲基硫菌灵可湿性粉剂按种子量的0.5%拌种，也可用80%抗菌剂402乳油1 000倍液浸种30分钟，晾干后播种。如必要可用20%萎锈灵乳油400倍液灌根，每株灌药液500毫升。

田间杂草可在覆膜前亩用 48% 仲丁灵（地乐胺）乳油 150～200 毫升，对水 30 千克均匀喷雾后浅耙入土进行防除。

6. 适时收获 向日葵上部叶片黄绿、下部叶片枯黄、花盘背面黄褐色、舌状花朵干枯或脱落时应及时收获。收获割秆后要拾净残膜，回收滴灌带，以防止污染环境。

三、注意事项

一是管道铺设要顺地势而行，微管长度要适中；二是要选择溶解率在 99% 以上的水溶性肥料且要保证浓度；三是要经常检查主管和微管的出水情况，避免发生堵塞。

四、适宜区域

内蒙古、山西、吉林等地区。

第二章 向日葵生产防灾减灾应急技术

第一节 干 旱

一、播种期干旱

播种期干旱是我国向日葵生产面临的主要自然灾害，尤其在东北、内蒙古中东部地区和山西北部，向日葵基本是在旱地种植，春季干旱导致的土壤墒情不足直接影响向日葵的正常播种，甚至导致当年向日葵播种面积下降。播期推迟又造成后期不能正常成熟，个别种植常规品种的地区还易遭受早霜危害，导致籽粒商品性下降。

据调查，2009 年黑龙江省因春季干旱，毁种补种造成没有正常成熟的向日葵面积占总面积的 35%。内蒙古自治区每年春旱面积约占向日葵总面积的 30%。甘肃省干旱半干旱地区每年因干旱导致的减产一般在 30%～50%。

应对措施：

1. 采用地膜覆盖栽培 对于适宜开展覆膜种植的地区，可以提早覆膜，通过覆膜截留地表水分的蒸发，提高耕层土壤的含水量，有利于种子萌发。垄作地区可以采取垄上覆膜的方式。旱作地区可以采用地表全膜覆盖的种植方式，在头年秋季或早春提前覆膜，待适播期再进行播种。有条件的地区，也可以采取膜下滴灌栽培技术。

2. 加强精细整地 通过多施有机肥，加强秋季整地，早春多磙耙、重镇压接通土壤毛细管，提高土壤耕层的含水量，为播种创造条件。东北及内蒙古东部地区要充分利用冬季降雪和地块大、适合大型机械作业的有利条件，提早进行耙糖保墒作业，避免因大风造成土壤迅速失墒。

3. 实行免耕播种 免耕能够减少因耕翻造成的土壤失墒，免耕地块的土壤水分含量要高于耕翻地块，实行免耕播种也是向日葵抗旱的重要技术措施。

4. 坐水（滤水）播种　如播种时土壤墒情不能满足种子萌发的需求，可以采取坐水播种或滤水播种的方式，通过向播种穴（沟）内注水或滤水来提高种子周边的土壤水分含量，促进种子萌发，提高出苗率。

5. 抢墒播种　对于在适播期内可能有降雨的地区，要将土地整理到待播状态，在降雨后及时抢墒播种。

6. 深播浅覆土　土壤墒情较差的地块可以采取深开沟、浅覆土的播种方式，将种子播到湿土上，播后及时镇压。

二、生长期干旱

向日葵生长期间，特别是现蕾到开花期的干旱会造成结实率降低，植株早枯，产量下降。内蒙古赤峰市向日葵开花授粉期遇干旱导致结实率降低，年减产 10% 以上。

应对措施：

1. 引水灌溉　能灌溉的地区要及时进行灌溉，旱作地区通过引水（拉水）灌溉来缓解植株受旱状况。开花期的灌溉要以浅灌为主，主要是为了增加田间湿度，降低温度，促进授粉结实。灌溉时要避免大水漫灌，以免引发植株倒伏减产。

2. 人工辅助授粉　开花期遇到干旱会影响花粉萌发，降低授粉结实率。除进行必要的浅灌、放养蜜蜂外，还要进行人工辅助授粉，用毛巾或粉扑在花盘上转圈轻轻触碰，提高授粉结实率，从而增加产量。授粉时间在上午田间露水干后进行，要避开中午高温时段。一般隔天进行一次，共进行 3～4 次。

第二节　低　　温

2010 年，内蒙古大范围遭遇历史上罕见的春季低温灾害，农作物播期推迟 10～15 天，出苗推迟 3～7 天。吉林一些向日葵新产区因食葵播种早，出苗不理想。黑龙江前期低温，后期温度急速升高导致其西部产区约有 20 多万亩向日葵黄萎病发生较重，严重地块发病率达 80％，加上菌核病、黑斑病、褐斑病的影响，产量损失达 15％。

播种期遇低温导致播期推迟，对已经播种的会造成种子霉烂、出苗推迟、发芽率降低、出苗不整齐等问题。

应对措施：

1. 采用地膜覆盖　利用地膜的增温作用提高耕层土壤温度，促进种子萌发，提高出苗率。

2. 适期晚播　在保证所种品种能够正常成熟的前提下，可以适当推后播种时间，避免早播造成的种子霉烂、发芽率降低、出苗不整齐等问题。

3. 种植早熟品种　如果错过适播期 10 天左右，则需要种植比正常年份品种生育期短的品种，也可以与地膜覆盖（或全膜覆盖）措施相结合，促进植株生长发育。

第三节　霜　　冻

向日葵较耐低温，但严重的早霜会影响向日葵籽粒正常灌浆，降低千粒重，造成产量和产品品质下降。晚霜发生时正值植株苗期，抗冻性较差，会影响到植株正常生长发育。

早霜主要影响种植常规品种和麦后复种向日葵的地区，因常规品种生育期长，麦后复种向日葵成熟晚，后期早霜来得早容易造成籽粒成熟度不够，影响产量和品质。

在内蒙古赤峰市松山区每年早晚霜发生的面积在 5 万亩左右，减产幅度达 30％～50％。巴彦淖尔市每年都有种植常规品种的地块受晚霜危害。甘肃省河西及中部地区晚霜发生频繁，局部地方甚至改种；早霜造成有 10 万～15 万亩的复种向日葵不能正常成熟。

应对措施：

1. 采用地膜覆盖　利用地膜的增温作用提高耕层土壤温度，

促进向日葵苗期生长发育，避免早晚霜危害。

2. 喷施叶面肥　在向日葵现蕾期喷施磷酸二氢钾叶面肥，促进早熟，提高植株抗性。

3. 烟雾熏蒸　根据气象预报，在地块上风头，将秸秆、树枝（叶）等点着，不要形成明火，利用小火燃烧产生的烟雾慢慢笼罩地块，可提高近地面的温度，减轻霜冻危害。

第四节　涝　　害

向日葵洪涝灾害是特殊年份发生的自然灾害，后期的洪涝灾害直接引起向日葵倒伏、病害发生严重，导致产量下降。2010年吉林省中部地区约5万亩向日葵由于后期降雨明显偏多，致使褐斑病和菌核病大发生，产量损失严重，甚至绝收。山西省忻州市神池县2010年种植3.2万亩向日葵，由于伏天降雨偏多，导致2万亩发生菌核病和褐斑病，病株率达45%，单产只有40千克，亩产减少60千克。黑龙江省每年涝灾约占向日葵总面积的20%。

应对措施：

1. 科学选地　选择地势较高，能够及时排水的地块种植向日葵。

2. 加强田间管理　及时中耕松土、除草，破除板结，增加土壤通气性、蓄水性，防止烂根、促进根系恢复生长。

3. 提高田间排水能力　通过渠系配套、挖排水沟等方法，提高田间快速排水能力。

4. 强制排水　低洼地块必要时使用水泵等设备排水。

第五节　主要病害

1. 向日葵菌核病

（1）症状及危害。向日葵菌核病在整个生育期均可发生，造成茎秆、茎基、花盘及种仁腐烂。常见的有根腐型、茎腐型、叶腐型、花腐型 4 种症状类型，其中根腐型、花腐型危害重。

根腐型：从苗期到花盘形成前均能发病，一般在 6 月上旬发现中心病株。发病部位主要是茎基部和根部，受害部位初期呈水渍状，潮湿时长出白色菌丝体，干燥后茎基部收缩，菌丝结成菌核。由于茎基部输导组织被破坏，叶片下垂，整株呈立枯状死亡。大小菌核均可引起根腐病，主要以小菌核为主，菌丝纠结成团，形成鼠屎状菌核于茎基部周围。

茎腐型：发生在成株期，主要侵染植株的茎基部和中下部，病斑初为褐色水渍状，稍凹陷，上有同心轮纹，生有白色菌丝，后期结成黑色小菌核，主要由小菌核引起。

烂盘型：主要发生在向日葵开花末期。花盘背面全部或局部出现水渍状病斑，随即迅速蔓延扩大，变褐，软化，尔后花盘腐烂甚至脱掉。菌丝密生于种子与肉座之间，并在其中形成网状或单个菌核。受害植株籽粒成熟不好或脱落，籽仁褐色或变成菌核，严重影响产量，主要是由大菌核引起。

（2）农业防治。一是秋耕深翻可把菌核埋压到土壤深处，使它萌发出的子囊盘长不出地面，更深处的菌核吸水膨胀后自行腐烂；二是实行合理轮作避免重茬，与禾本科作物进行 3 年以上的轮作，能有效地抑制菌核繁衍，减少病源，减轻病害；三是选用抗病品种，这是一项简便易行、经济有效的防治措施。

（3）化学防治。①播前用 50％腐霉利可湿性粉剂或用 50％菌核净可湿性粉剂按种子量的 0.3％～0.5％拌种。②用 50％腐霉利可湿性粉剂每亩 0.35 千克、40％五氯硝基苯 2.5 千克拌土 50 千克与种子同时施入穴内进行土壤处理，防治效果可达 60％。③用 45％乙霉威可湿性粉剂 1 000～1 500 倍液，或 50％腐霉利可湿性粉剂 1 500～2 000 倍液，于发病初期喷于植株茎基部；开花期发病可用 50％甲基硫菌灵可湿性粉剂和 50％多菌灵可湿性粉剂 500 倍液、50％菌核净可湿性粉剂 800 倍液，在开花初期喷洒在花盘上，每亩喷药 100～125 千克，每隔 7 天喷 1 次，共喷药 2～3 次。

2. 向日葵褐斑病

（1）症状及危害。向日葵褐斑病苗期、成株期均可发生，由于侵染部位和时间不同，产生不同形状的病斑。向日葵子叶长到4～5对真叶时进入发病初期，在子叶或幼叶上形成近圆形病斑，直径2～6毫米。病斑正面褐色，周围有黄色晕圈，背面灰白色。成株期发病在叶片上形成不规则或多角形的褐色斑，周围有时有黄色晕环，病斑中央呈灰色，散生黑色的小点，即病原菌的分生孢子器，严重时病斑连片，使叶片枯死，褐斑病除了发生在叶片上还可以在叶柄和茎上发生，其主要表现为褐色的狭条斑。在现蕾和开花阶段，发病部位呈现不规则多角形，到籽实形成阶段病斑多数近圆形、深褐色，边缘有黄色晕环。病斑一般为3.2～5.1毫米，最大可达12.9～16.5毫米。在叶片组织里有大量小黑点即分生孢子器，茎及叶柄上的病斑呈褐色条状。在多雨和潮湿的环境中，病斑易出现脱落或穿孔，导致发病重的病斑融合，最后出现整个叶片枯死的现象。成株严重感染该病时病斑相连成片，以致整叶枯死，叶柄和茎上发病均呈褐色的狭条斑，上面着生的分生孢子器数量很少，一般环境温度在18～21℃时容易发病。

（2）农业防治。选用抗病品种；及时处理病残体和次生苗，每年秋后应及时清扫田园，消灭枯柄落叶和根茬等病残体；及早烧掉向日葵秸秆，对田中、路边的向日葵自生苗应全部铲除；掌握适宜播期，调节开花时间，躲过主要发病期，是当前一项带有关键性的措施，春播地区应狠抓适时早播，夏播地区应注意适当晚播；轮作倒茬，至少种两年禾谷类作物后再种一年向日葵；合理密植，科学施肥，栽培密度不要过大。

（3）化学防治。在向日葵发病初期摘除病叶，严重时每隔10天喷一次50%甲基硫菌灵可湿性粉剂1 000倍液或等量式波尔多液，连续喷2～3次效果较好，也可用65%代森锌可湿性粉剂500～700倍液进行防治，以减轻病害，保护叶片，促进增产。

3. 向日葵黑斑病

（1）症状及危害。向日葵黑斑病在植株各生育阶段均可发生，主要侵染为害植株的茎、叶和花盘，一般在向日葵开花以后发病加重。发病叶片初期的病斑为褐色小圆点，逐渐扩大后呈圆形褐色。大病斑中心灰褐色，边缘褐色，具同心轮纹。叶片染病现暗褐色圆形病斑，大小 5～20 毫米，边缘常有黄绿色晕圈，病斑中央生出灰色至灰白色霉状物，邻近病斑常相互融合。叶柄染病，现圆形至椭圆形或梭形黑褐色病斑，严重的叶柄干枯。茎部染病，生椭圆形至梭形长斑，黑褐色，由下向上蔓延，常互相接连，长的可达 140 毫米，使茎秆全部变褐。花托染病，生凹陷圆斑。花瓣染病，通常产生小褐色斑。葵盘染病，生圆形至梭形具同心轮纹的褐色至灰褐色斑，中心灰白色。天气潮湿时，病斑上生出一层褐色霉状物，是病菌的分生孢子梗及分生孢子。病情严重时，叶柄上也布满病斑，叶片上病斑联合成片，叶柄和叶片一起凋萎；茎上病斑褐色、长梭形；花盘背面由边缘开始出现与叶片上相似的褐色病斑，有时稍凹陷。

（2）农业防治。选用抗病品种，如辽葵杂系列等；秋季深翻地，消灭病残体，减少初侵染源；采用向日葵配方施肥技术，施足底肥，增施磷、钾肥提高抗病力；用 50％福美双或 70％代森锰锌可湿性粉剂按种子量的 0.3％拌种，实行合理轮作，一般间隔 6～7年；摘除感病叶片和拔除感病植株；用 50～60℃热水浸种 20 分钟进行高温杀菌，可有效地控制由种子传带的向日葵黑斑病菌。

（3）化学防治。于发病初期及时喷洒 70％代森锰锌可湿性粉剂 400～600 倍液，或 75％百菌清可湿性粉剂 800 倍液、50％异菌脲（扑海因）可湿性粉剂 1 000 倍液，隔 7～10 天一次，喷 2～3 次。

4. 向日葵黄萎病

（1）症状及危害。黄萎病主要在成株期发生，开花前后叶尖叶肉部分开始褪绿，后整个叶片的叶肉组织褪绿，叶缘和侧脉之间发黄，后转褐。向日葵黄萎病的田间症状表现为：发病多从植株下层叶片显症，表现为组织膨压失调，病斑形状不规则，但边缘呈浸润状、黄化，褪绿叶组织迅速扩大，向叶内的脉间组织发展呈现出组织坏死，变褐干枯的典型症状。随着时间的推移，病斑逐渐向叶内发展，最后叶片除主脉及其两侧叶组织勉强仍保持绿黄色外，其余组织均变为褐色，焦脆坏死，病叶皱缩变形。剖开病茎观察，维管束变褐。

（2）农业防治。选用抗病品种；与禾本科作物实行 3 年以上轮作；加强栽培管理，适期播种，合理密植，增施磷、钾肥，增强植株抗病性，及时清理田间病残体，减少菌源，发病的茎秆要及时烧毁，以防病害扩散蔓延。

（3）化学防治。①种子处理：50％多菌灵可湿性粉剂或 50％甲基硫菌灵可湿性粉剂按种子量的 0.5％拌种，或 80％福美双可湿性粉剂按种子量的 2％拌种。②灌根：20％萎锈灵乳油 400 倍液灌根，每株用对好的药液 500 毫升。③叶面喷施：发病初期，用50％多菌灵可湿性粉剂 500 倍液，或 70％甲基硫菌灵可湿性粉剂800～1 000 倍液、64％噁霜·锰锌可湿性粉剂 1 000 倍液、77％氢氧化铜可湿性粉剂 400 倍液、14％络氨铜可湿性粉剂 250 倍液、75％百菌清可湿性粉剂 800 倍液等进行叶面喷施。

5. 向日葵霜霉病

（1）症状及危害。向日葵霜霉病在植株全生育时期均可发生，但进入成株期以后抗病性明显增强。霜霉病菌侵染植株后可表现出全株性症状，但由于侵染时间、植株生育期及温湿度条件不同，症状表现明显不同。

①幼苗猝倒。种子发芽后，由于病菌侵染造成幼苗出土前腐烂或出土后根系变褐，使幼苗猝倒枯死。人工接菌发病的幼苗最为常见且严重。

②植株严重矮化。矮化是该病的典型症状。株高 0.1～1 米，节间缩短，叶片畸形并出现褪绿黄斑，沿叶脉两侧向叶尖扩展。在潮湿条件下黄斑部的下表皮上出现白色霉层，甚至布满整个叶背。严重感病植株多在早期死亡，有的虽能形成花盘，但不结实或结实率极低。

③叶片局部症状。叶片被再侵染，植株长势如正常株，仅叶片

上有褪绿斑，背面有白色霉层。

④根或根颈部被侵染使地下组织髓部周围变为褐色，肥大呈糠、秕状，在主根或根颈上形成侵染。

（2）农业防治。建立无病留种田，严禁从病区引种；与禾本科作物实行3~5年轮作；选用抗病品种，如辽葵系列等；霜霉病主要发生于向日葵的内果皮和种皮，发病重的地区用25%甲霜灵可湿性粉剂拌种；适期播种，不宜过迟，密度适当，不宜过密，田间发现病株及时拔除并喷药或灌根，防止病情扩展。

（3）化学防治。苗期或成株发病后，喷洒58%甲霜灵·锰锌可湿性粉剂1 000倍液，或64%噁霜·锰锌可湿性粉剂800倍液、25%甲霜灵可湿性粉剂800~1 000倍液、72%霜脲·锰锌可湿性粉剂700~800倍液，对上述杀菌剂产生抗药性的地区可改用69%安克·锰锌可湿性粉剂900~1 000倍液。

6. 向日葵锈病

（1）症状及危害。锈病在向日葵各个生育时期均有发生，从子叶展开时即可发病，但主要为害向日葵中后期叶片。向日葵锈病发生在叶片、叶柄、花盘、萼片和茎秆上，形成点状铁锈色堆积物。苗期发病，在子叶和第一对真叶正面出现黄褐色斑点，斑点上可见到细微小黑点，这就是病菌的性孢子器，以后叶背面病斑上生出许多黄色小点，是病菌的锈子腔，接着叶片上便出现圆形或近圆形的黄褐色小疱，以后疱表皮破裂，散出红褐色粉末，是病菌的夏孢子堆和夏孢子，严重时夏孢子堆布满叶片，使叶片提早枯死。夏末秋初接近收获时，在夏孢子堆周围形成大量牢固的黑色小疱，是病菌的冬孢子堆，冬孢子堆破裂散出铁锈色孢子。花盘萼片以及茎秆上的孢子堆情况与叶片上一样，但数量较少，并只见有夏孢子堆和冬孢子堆。

（2）农业防治。向日葵锈病的冬孢子在叶片和花盘等残体上越冬，向日葵收获后，散落在田间的残株病叶，是翌年锈病发生的根源，因此要把田间的病叶病株进行深埋或焚烧，把花盘及碎杂物进行粉碎作饲料或沤制作肥料使用，同时进行深耕，把遗留在地面的病残体翻入地下深埋土中，这样可以大大减少越冬菌源量，减轻发病程度。选用抗病性较强的品种，是减轻发病程度、减少损失的重要手段。加强栽培管理，轮作倒茬，合理密植，采用大小行种植，增加田间通风透光性。要增施有机肥，根据土壤肥力情况，氮、磷、钾肥配合使用，不要过多地使用氮肥。及时中耕除草，注重雨后排水，以增强植株的抗病能力，可以减轻发病。

（3）化学防治。用 25％羟锈宁可湿性粉剂 100 克干拌 50 千克种子，可减轻发病；发病初期喷洒 15％三唑酮可湿性粉剂 1 000～1 500 倍液，或 50％萎锈灵乳油 800 倍液、50％硫黄悬浮剂 300 倍液、25％丙环唑乳油 3 000 倍液、25％丙环唑乳油 4 000 倍液加15％三唑酮可湿性粉剂 2 000 倍液、70％代森锰锌可湿性粉剂1 000倍液加 15％三唑酮可湿性粉剂 2 000 倍液，或用 25％萎锈灵可湿性粉剂（20％萎锈灵乳油）400～600 倍液、30％固体石硫合剂 150 倍液、12.5％烯唑醇可湿性粉剂 3 000 倍液喷雾，隔 15 天左右喷 1 次，防治 1 次或 2 次。

第六节　主要虫害

向日葵螟

（1）危害特征。向日葵螟属于鳞翅目螟蛾科，是为害向日葵的主要害虫之一，在我国主要分布于北方向日葵栽培区，其中以黑龙江最为严重，内蒙古地区也有发生。向日葵螟幼虫主要蛀食种子和花盘，一至二龄幼虫啃食筒状花，三龄后幼虫蛀食种子，吃掉种仁，形成空壳，在花盘上蛀成隧道，并吐丝结网。被害花盘多因粪便、残渣等污染而发霉腐烂，严重影响向日葵的产量和品质。

（2）农业防治。选用抗虫品种；秋季深翻，向日葵收获后，有条件的地块可利用大型机械进行秋深翻，耕翻深度 20～30 厘米；清理消灭虫源，秋季和春季对葵花收购加工点产生的废料要及时采取碾压、粉碎、焚烧等措施，消灭清理虫源；调整播期适期播种，巴彦淖尔市根据向日葵不同品种生育期的长短，最佳播种期为 5 月

30 日至 6 月 15 日，使向日葵的开花盛期与向日葵螟的产卵盛期错开，达到避害的目的。

（3）物理防治。在向日葵开花前，挂置光控式频振杀虫灯诱捕向日葵螟成虫。光控式频振杀虫灯每亩挂一个，晚上打开，利用害虫趋光性诱杀成虫，降低虫源基数。

（4）生物防治。①性引诱剂诱杀，在向日葵开花前，利用性引诱剂诱杀向日葵螟雄性成虫，降低虫源基数，每公顷挂置性诱捕器 30～45 个，每 40 天更换一次诱芯。②赤眼蜂防治向日葵螟，用曲别针或牙签将蜂卡、蜂袋别在靠近向日葵花盘的叶片背面的主脉上，保持通风遮阴不被雨淋即可。放蜂时间可根据虫情测报，灯诱蛾量达到高峰且向日葵处于花期时开始放蜂，间隔 2～3 天再放蜂一次，共放蜂 3 次。③白僵菌防治向日葵螟幼虫，当 50％向日葵开花后，将白僵菌粉用滑石粉稀释成粉尘剂，用背负式喷粉喷雾机喷撒，施菌量为每亩 5 万亿孢子。④Bt 粉防治向日葵螟幼虫，在 50％向日葵开花后，每亩用 8 000 国际单位/毫克 Bt 可湿性粉剂 100 克，用滑石粉稀释成粉尘剂，用背负式喷粉喷雾机喷撒。

（5）化学防治。头年二代向日葵螟发生严重的地块，越冬代幼虫出土化蛹期间，在地面上均匀地喷洒菊酯类杀虫剂 1 000 倍液，以降低虫源基数；为害不严重的地区可在幼虫期（8 月上旬左右）喷 90％敌百虫 500～1 000 倍液于花盘上即可；为害较重地区应以防治成虫为主，结合防治幼虫，在 7 月末、8 月初成虫盛发期，施放敌敌畏烟剂或用敌敌畏高粱秆熏蒸（80％敌敌畏乳油浸高粱秆后插入田间），隔 3～5 天（根据虫量）再施放一次。

第七节　主要草害

向日葵列当

（1）危害特征。向日葵现蕾前少量发生，开花后大量发生。

（2）农业防治。轮作倒茬，可与禾本科作物轮作，经过 6～7 年后，再种向日葵，这是防治列当的根本措施；向日葵普遍开花时是列当出土的盛期，应及时中耕锄草，有条件的地区可采取人工拔除烧毁或深埋；秋末冬初深翻，把列当种子翻入 15 厘米土层以下，使其不能萌发。

（3）生物防除。可利用列当镰孢菌（*Fusarium robanches*）寄生，寄生为害列当的病原物还有枯萎镰刀菌、欧氏杆菌，能从列当伤口侵入而使其感病。列当蝇幼虫能取食列当的花茎和果。

（4）化学防治。用 0.2% 的 2，4-滴丁酯水溶液，喷洒于列当植株和土壤表面，每亩用药液 300～350 升，8～12 天后可杀灭列当 80% 左右。但必须注意，向日葵的花盘直径普遍超过 10 厘米时，才能进行田间喷药，否则易发生药害。在向日葵和豆类间作地不能施药，因豆类易受药害。

第三章　向日葵生产配套机械

第一节　向日葵播种机械

一、主要性能

向日葵气吸式精量点播示范机械有两种，一种为开沟不覆膜气吸式精量播种机，另一种为平作覆膜气吸式精量播种机。两种气吸式播种机械每穴播种 1 粒，播种精度达到 98％，播速约为 15～20 亩/小时，

二、技术特点

具有效率高，精度高，省工，均匀等优点，完全克服了人工播种劳动强度大的缺点，节约了劳动力，实现了精、准、快。适合大面积播种。

三、适宜区域

内蒙古河套灌区、阴山北麓地区，以及新疆、山西、吉林等向日葵栽培区域。

四、注意事项

（1）播种时应使用净度高、发芽率高、纯度高的种子，注意种箱内的种子量。

（2）播种时土壤含水量不宜过高。

（3）机手要选择操作相对稳定的人员。

（4）用于播种机牵引的拖拉机要求大于 18 马力。

第二节 向日葵脱粒机

一、主要性能

向日葵脱粒机包括悬挂式脱粒机和非悬挂式脱粒机，脱粒机主要包含机体、脱粒辊、筛筚、支架、悬挂架，机体带有拱筒式工作腔，设置有入料口和出料口，通过拖拉机或电动机的牵引动力使其正常工作，有效防止了葵盘破碎、分选效果差和籽皮易损伤的缺陷。常规脱粒机全额运转时需要 3～4 人，每小时可脱粒 500 千克左右。

二、技术特点

具有效率高、移动性好等特点，便于操作，不损害向日葵的商品性，分级程度高。

三、适宜区域

全国大部分向日葵种植区。

四、注意事项

（1）脱粒时向日葵籽粒含水量要低，含水量越高脱粒净度越低，而且容易造成籽粒损伤、品质下降。

（2）脱粒时拱轮转速不宜过大，要保证适宜的吞吐量。

（3）脱粒后需要及时晾晒和清选装袋。

第五篇 芝 麻

第一章 芝麻高产栽培技术

第一节 麦茬芝麻免耕直播高产栽培技术

一、技术概述

黄淮、江淮地区芝麻种植面积占全国的 60％以上，小麦收获后种植芝麻，劳动力紧张，播期短，免耕直播可缓解夏芝麻种植劳动力紧张，延长生育期，降低成本。该项技术对于大面积提高黄淮芝麻主产区芝麻种植效益具有重要意义，由于省工省时、成本低，在黄淮芝麻主产区得到了大面积的应用，示范区平均比非示范区增产 15％左右。该项技术成熟，操作简单，便于农民掌握。

二、技术要点

1. 播前准备 小麦收获时留茬高度 10～15 厘米，最高不宜超过 20 厘米，有利于芝麻播种和幼苗生长。

2. 适墒播种 麦收后墒情适宜，及早播种；墒情不足，灌溉播种。

3. 播种方式 机械条播，行距 30～40 厘米，播种深度 3～5 厘米，亩播种量 0.3～0.5 千克；如果使用施肥播种一体机，播种时每亩可同时施入底肥 10～15 千克复合肥，播种施肥一次完成。

4. 合理密植　高肥水条件下密度为每亩 1.0 万～1.2 万株，一般田块每亩 1.2 万～1.5 万株；播期每推迟 5 天，每亩增加 2 000～3 000 株。

5. 田间管理

（1）及时间苗、定苗。夏芝麻出苗后，2 对真叶期间苗，4 对真叶期定苗。

（2）化学除草。播后苗前用 72％异丙甲草胺乳油 0.1～0.2 升/亩，对水 50 升，均匀喷雾土表；或出苗后 12 天用 12.5％吡氟氯禾灵乳油 40 毫升/亩，加水 40 升喷雾。

（3）科学施肥。初花期追施尿素 8～10 千克/亩，贴茬播种的田块可适当增加施肥量。

（4）及时防治病虫害。苗期地下害虫（如小地老虎、蝼蛄、金针虫、蛴螬等）防治可及时采取毒饵诱杀，用敌百虫等药剂与炒香的麦麸或饼粉混合，拌匀后在芝麻田撒施；甜菜夜蛾、芝麻天蛾和盲蝽防治可用 50％辛硫磷乳油加 2.5％溴氰菊酯乳油等 1 000 倍液，喷杀三龄前幼虫。枯萎病、茎点枯病及叶部病害用 70％代森锰锌可湿性粉剂 800 倍液、50％多菌灵可湿性粉剂 500 倍液防治；细菌性角斑病用 72％农用硫酸链霉素可溶粉剂 2 000 倍液防治。一般在发病初期用药，全田喷雾 2～3 次，间隔时间为 5～7 天。

6. 适期收获　在植株由浓绿变为黄色或黄绿色，全株叶片除顶梢部外几乎全部脱落，下部蒴果种子充分成熟、种皮均呈现品种固有色泽，用镰刀或机械进行分段收获，小捆架晒，晾干后及时脱粒。

三、注意事项

杂草较多地块，不适合免耕直播；免耕直播地块应选择非重茬地、抗病高产芝麻品种；加强苗期田间管理，以免发生草荒。

四、适宜区域

适宜在黄淮夏芝麻产区大面积推广应用。

第二节　油菜茬芝麻双层播种高产栽培技术

一、技术概述

针对江淮地区、长江流域芝麻主产区易发生涝害、岗坡地土壤结构较差，前茬油菜收后田间散落大量油菜籽，如立即播种芝麻，会发生出苗后萌发大量次生油菜苗无法根除，影响芝麻苗期生长等问题，集成熟化高产高效关键种植技术，建立了油菜茬芝麻双层播种轻简化栽培技术体系。此项技术在安徽省长丰、肥西等地示范，比非示范田一般增产15%，增效显著。

二、技术要点

1. 耕耙整地、控草降渍　前茬油菜收后，立即耕地或深旋，耕深20厘米，耕后即耙，以翻压杂草和油菜苗。整地要平整，深沟高畦，"四沟"配套；也可播前每10～15米挖深60～70厘米的暗沟排涝降渍。

2. 适时早播、合理密植　适播期为5月下旬至6月上旬，每亩留苗1.0万～1.2万株；6月10日后播种，每推迟5天，每亩增加2 000株。

3. 双层播种　采用两次撒播或两次旋耕播种（一深一浅），效率高、速度快，为抢墒抗旱播种争取时间，耕除大部分杂草。播前1小时，按每亩用种量0.3千克加25千克复合肥的比例拌匀种、肥。

（1）撒播。第一遍耕耙后，抢墒播第一遍种子（约占全部用种量的一半），播后耙地盖种，再播剩下的种子，轻耙盖种保墒。

（2）机播。第一遍深旋不播种，第二遍浅旋机播，将事先拌匀的种、肥置入播种机，实现旋耕、施肥、播种和除草同步完成。

4. 及时间苗、定苗　2～3对真叶时间苗，4～5对真叶时定苗；阴雨多、病虫害重的年份，定苗时间不宜过早，以防缺苗。

5. 化学除草　播后苗前用72%异丙甲草胺乳油或50%乙草胺

乳油 0.2 升/亩，对水 50 升，均匀喷雾土表。出苗后 12～15 天如单子叶杂草较多，可用 12.5％吡氟氯禾灵乳油 40 毫升/亩，加水 40 升喷雾防治。

6. 科学追肥 初花期每亩追施尿素 3～5 千克；盛花后期叶面喷施 0.1％磷酸二氢钾 1～2 次。

7. 防治病虫害 枯萎病、茎点枯病防治，用 70％代森锰锌可湿性粉剂 800 倍液、50％多菌灵可湿性粉剂 500 倍液、70％甲基硫菌灵（甲托）可湿性粉剂 800 倍液、75％百菌清可湿性粉剂 600 倍液防治；细菌性角斑病用 72％农用硫酸链霉素可溶粉剂 2 000 倍液防治。一般在发病初期用药，全田喷雾 2～3 次，间隔时间为 5～7 天。地老虎、甜菜夜蛾、芝麻天蛾和盲蝽防治，用 50％辛硫磷乳油、2.5％溴氰菊酯乳油等 1 000 倍液，喷杀三龄前幼虫，于傍晚进行，连喷 2 次。防治蚜虫用 10％吡虫啉可湿性粉剂加 2.5％溴氰菊酯乳油 1 000 倍液混合喷施。地下害虫防治可将 90％敌百虫可湿性粉剂用麦麸拌匀或喷于切碎的草上制成毒饵于傍晚撒在田里，或用 35％辛硫磷微胶囊剂施入地表防治。

三、注意事项

耕（旋）深一般达到 20 厘米，以灭除次生油菜苗；土壤瘠薄田，应增施底肥；雨水多、病害重的年份，定苗期不宜过早；对每亩出苗密度 1 万～2 万株的田块，可不间苗，只需移苗补缺。

四、适用地区

适于黄淮、江淮和长江流域芝麻产区。

第三节　华南秋芝麻高密度机械化种植技术

一、技术概述

华南区红壤丘陵旱地春花生面积大，7 月底 8 月上旬收获后耕地秋闲。经多年探索实践，形成了华南区春花生茬口秋芝麻高密度轻简化栽培技术。该项技术，可充分利用秋季闲地和光热资源，争种抢收一季芝麻，投入少，成本低。经江西樟树等地试验示范，一般亩产 40～50 千克，亩增收 300～400 元，增收增效明显。

二、技术要点

1. 选用适宜的花生品种　选用早熟花生品种，于 3 月底至 4 月上旬适当提早播种，通过施肥管理等技术措施，促进花生早结果早成熟，7 月底或 8 月上旬花生成熟收获，为秋芝麻播种争取时间。

2. 选用适宜的芝麻品种　选择稳产性好、耐迟播、生育期较短的中熟、中早熟芝麻品种。如白芝麻品种赣芝 3 号、高安白芝麻和黑芝麻品种赣芝 11、金黄麻等。

3. 适时撒播与覆盖种子　花生收获前 1～2 天或当天，按亩用芝麻种子 300～400 克与 25～50 千克农家土杂肥充分混合后，均匀撒播在花生田中。花生人工拔收后，及时使用机械浅旋耕或用牛拉耙，横耙、直耙各一次，均匀覆盖芝麻种子。

4. 增施底肥　花生茬口秋芝麻，芝麻生长期间雨水少，多为高温晴热天气，追施肥料困难。在机械浅旋耕或牛拉耙覆盖种子之前，每亩撒施 45% 的复合肥 10～20 千克作基肥。花期用 0.3% 的磷酸二氢钾溶液叶面喷施 2 次。

5. 防除杂草及虫害　机械浅旋耕或牛拉耙覆盖种子后，于芝麻出苗前及时用 96% 精异丙甲草胺 60 毫升/亩或 50% 乙草胺乳油 120 毫升/亩对水稀释后喷雾。出苗后，亩用 10.8% 吡氟氯禾灵乳油 20～30 毫升或 5% 精喹禾灵乳油 50～60 毫升，对水稀释后喷雾。花生茬口秋芝麻主要害虫有蚜虫、盲蝽、斜纹夜蛾等，应及时喷药防治。

三、注意事项

花生人工拔收后，机械浅旋耕或牛拉耙覆盖种子要及时操作，要充分利用花生茬口的土壤墒情，有利于芝麻出苗。

四、适宜区域

适宜华南红壤丘陵旱地春花生种植区，在江西宜春、赣中南、赣南、粤北等红壤丘陵地区具有推广应用前景。

第四节 南方芝麻深沟窄厢防渍种植技术

一、技术概述

芝麻是对渍涝十分敏感的作物，针对长江流域芝麻产区6～8月降雨频繁、雨量较大及土质黏重等情况，防渍排涝是获得芝麻高产的重要措施。在湖北鄂州、新洲、洪湖、汉川等地示范深沟窄厢防渍种植技术，防渍增产效果显著，其中，2010年在湖北鄂州路口农场示范250亩，比非示范区芝麻每亩增产15～30千克，增产率20％～35％。

二、技术要点

1. 选地、整地 选择地势较高地块，深耕30厘米，耙平，按深沟窄厢种植方式开沟整厢，即厢面宽2.0米，沟宽30厘米，沟深20厘米以上，厢面整成龟背形。

2. 科学施肥 每亩施氮磷钾复合肥30千克，在开沟后把肥料均匀撒在厢面，然后整平。

3. 科学播种 有条件的尽量条播，行距35～40厘米，若撒播要将种子均匀撒在厢面上，抢墒或适墒，浅播浅盖，确保一次齐苗。

4. 加强田间管理 早间苗，1～3对真叶期间苗1～2次；早定苗，4～5对真叶期及时定苗，防止出现"高脚苗"；注意防病治虫，播种覆土后喷洒芽前除草剂，幼苗期防治小地老虎，开花期防治甜菜夜蛾、棉铃虫等害虫，防控枯萎病、茎点枯病等真菌性病害，终花期前后结合防病配以磷酸二氢钾、硼砂叶面喷施，补充营养。

5. 化学调控 生育期间，若有渍害发生，可以喷撒耐渍诱抗剂，如芸苔素内酯。

6. 适时收获，及时晾晒 中下部叶片 3/4 脱落、基部蒴果轻微炸裂时收获为宜，小捆架晒。

三、注意事项

该种植方式厢沟壁尽量垂直或斜坡角度尽量小，以提高田间排水效率，芝麻田块周边围沟保持排灌通畅，若采用一体机整地播种，请按照该模式调整播种机相关配置。

四、适宜区域

深沟窄厢种植技术适宜湖北、豫南、皖南、江苏、赣北、湖南等芝麻种植区域。

第五节 东北芝麻"深种浅出"抗旱种植技术

一、技术概述

东北芝麻主产区十年九春旱，芝麻播种时土壤墒情不够，难以保苗。在同样土壤水分条件下使用深种浅出种植技术，可以提高出苗率 50％以上，为东北芝麻高产稳产的重要措施之一。

二、技术要点

1. 及早整地 东北芝麻产区春旱严重，应抓住墒情及早整地作垄，及时镇压保墒，提倡秋整地秋作垄或顶凌整地；结合整地每亩可施氮磷钾复合肥 20～30 千克。

2. 科学播种 采用深种浅出技术，垄作条件下机械播种，一般垄距 50～60 厘米，垄上条播，播深 3～5 厘米，播种后用犁扶高垄（即为深种），防风保墒；播种后 5～8 天，当芽长 1～1.5 厘米时拖去种子上覆土（即为浅出），实现一播全苗。

3. 病虫草害防控 播种时随种撒施辛硫磷毒土防治地下害虫；播后苗前用72%异丙甲草胺乳油0.1～0.2升/亩，对水50升，均匀喷雾土表；出苗后12天用9.8%精喹禾灵乳油90毫升/亩，加水30升喷雾。

4. 田间管理 春季出苗后2对真叶期间苗，5对真叶期定苗，定苗稍晚以利于抗御风沙。初花期追施尿素10千克/亩，注意防治病虫害。

三、注意事项

如果播前灌水，必须等水深干后才可覆土。

四、适宜区域

适于吉林西北部、辽宁西北部风沙较大的芝麻产区。

第六节　西北芝麻膜下滴灌机械化种植技术

一、技术概述

西北一年一熟制地区气候干旱，日照充足，昼夜温差大，降水量少。实施膜下滴灌，可以节水提温，有效地防除杂草，促进芝麻生长发育，实现高产稳产。采用膜下滴灌和机械化种植技术，可以减轻劳动强度，降低生产成本，增产增效明显。该项技术2014年在新疆精河县千亩芝麻高产示范中，创造出平均亩产172.8千克的高产纪录。

二、技术要点

1. 选地整地 选择地势相对平坦、具有节水灌溉条件、排水良好的地块。利用灭茬机械进行旋耕整地，播前每亩用48%氟乐灵乳油100克对水40～60千克进行土壤封闭，防除杂草。

2. 选用优良品种 在一年一熟制地区，宜选用增产潜力大、品质优良、生育期较长的芝麻新品种如豫芝13、豫芝15等。

3. 干种湿出，合理密植 每年 4 月下旬至 5 月上旬，在无风天气条件下播种，采用改良的芝麻播种覆膜一体机，铺管播种覆膜一次完成。宽窄行种植，宽行 60 厘米、窄行 20 厘米；等行距种植，行距 40 厘米。每亩播量 100～150 克，亩密度 1.5 万～2.0 万株为宜。播种后待土壤日最低温度大于等于 15℃时开始滴水灌溉。

4. 田间管理

（1）及时间、定苗。当芝麻长到 2～3 对真叶时进行间、定苗。

（2）化学调控。对肥水条件好、生长速度较快的田块，苗期喷施矮壮素或缩节胺 1～2 次，以降低结蒴部位。

（3）及时灌水。一般条件下，苗期 7～10 天灌一次水，滴水时间为 2～3 个小时；蕾花期 5～7 天灌一次水，滴水时间为 4～5 小时。

（4）平衡施肥。现蕾前后随滴灌亩施磷酸氢二铵 15～20 千克，盛花期滴施磷酸二氢钾 5～8 千克、尿素 8～10 千克，以促进芝麻生殖生长和籽粒灌浆。

（5）生育后期调控。在立秋后 5～7 天停止供肥，以促进芝麻封顶，减少无效花数，提高单株成蒴率；9 月初停止供水，加速芝麻落叶、成熟。

5. 病虫害防控 由于西北气候干旱，病虫害发生较轻，一般不进行防治。

6. 适期收获 芝麻停止供水 7～10 天时，叶片开始变黄脱落、茎秆和蒴果均呈现成熟时的固有色泽时，即可用机械分段收获。收获后自然晾晒，人工或机械脱粒。

三、注意事项

芝麻连种 3 年以上，应轮作倒茬，减轻病虫危害；亩播种量宜在 100 克以上，出苗后应间、定苗 1 次，以免出现苗荒；随水施肥选用水溶性肥料最佳。

四、适宜区域

适宜在西北一年一熟制芝麻产区大面积推广应用。

第二章 芝麻生产防灾 减灾应急技术

第一节 渍涝害

　　河南、湖北、安徽、江西等芝麻主产区，芝麻生育期间降雨集中，且不均匀，局部地区时常暴雨成灾，易造成芝麻渍涝害，导致芝麻倒伏、萎蔫、渍死，单产大幅度下降。2001—2010 年的 10 年间，江淮、黄淮主产区 4 年发生严重渍涝害。渍害发生时，根系受损，吸水吸肥能力减弱，伴有严重的病害发生，叶片腐烂，落花落蕾，结蒴率及籽粒饱满度降低，死苗率常为 15%～20%，严重时可达 50% 以上。例如，2010 年 5～6 月，江西出现持续暴雨阴雨天气，造成夏芝麻无法及时整地播种、播种后难以获得全苗，苗期芝麻受暴雨影响难以保苗等，使夏芝麻种植面积明显下降；2010 年 7 月上旬至下旬持续阴雨，造成湖北、安徽部分县市成灾，如湖北嘉鱼县许多田块芝麻死苗 10%～15%，黄冈武穴市一般死苗 20%～30%，地势较低的地块死苗 50% 以上，农民改种其他作物的面积占 5% 以上。

　　应对措施：

　　1. 科学整地，沟厢配套　做到厢沟、腰沟与四周围沟相互配套，沟沟相通，确保大雨天气田间排水畅通，有条件的地方播前开挖地下暗沟降渍。长江流域、江淮主产区采用深沟窄厢种植方式，即厢面宽 2 米，沟宽 30 厘米，沟深 20 厘米；黄淮及以北主产区采用起垄双行种植方式，即垄顶宽 55 厘米，垄底宽 90 厘米，沟深 10～12 厘米，每垄种植两行芝麻，行距 35 厘米。

　　2. 科学选种，适时播种　选择耐渍品种，如豫芝 4 号、郑芝 98N09、皖芝 1 号、中芝 13、鄂芝 4 号、赣芝 3 号等，密切关注天气变化趋势，适时播种，规避大雨拍苗，确保一播全苗。

3. 雨后及时排水，查苗补缺，培植壮苗 暴雨后及时清理沟渠，尽快排除田间积水和耕层渍水。出苗后及时间、定苗，3 对真叶期间苗，5 对真叶期定苗，结合间、定苗中耕除草培土。苗期渍涝灾害后，及时查苗补栽。缺苗时，及时就近匀苗带土移栽，适时清除田间杂草，以防雨后杂草滋生，严重缺苗时，要抢时重种或改种其他作物。生育中期遇涝害，特别是强风暴雨后应及时扶正培植倒伏植株，清除叶片淤泥，保证叶片光合作用。

4. 加强田间管理，中耕追肥防病 渍涝灾害过后，及时中耕散墒，追施氮肥，辅之以磷、钾叶面肥，每亩追施尿素 3～5 千克提苗，雨后可喷施耐渍诱抗剂、生长剂，如芸苔素内酯＋尿素＋锌＋硼（按说明书用量），促根保叶；同时要及时防治病害，可采用化学及生物药剂防治因涝害引起的立枯病、枯萎病、茎点枯病等病害。

第二节 干 旱

干旱是我国华北、西北、东北地区芝麻减产的主要因素之一，芝麻播种期时常发生干旱，造成不出苗、出苗不齐、苗期生长不良等问题，生育期间持续干旱也非常普遍，往往造成生长发育迟缓，开花结蒴减少，产量降低，品质下降。河南、安徽及湖北主产区也常有干旱发生；江西红壤丘陵旱地主产区，夏芝麻生长中后期和秋芝麻整个生育期常遭受旱灾影响。

应对措施：

1. 选用抗旱品种，采取抗旱播种技术 在干旱发生频繁、持续时期较长的地区，可采取秋翻地、秋作垄、春耙压的整地措施，适时适墒播种。黄淮、江淮地区可采用芝麻双层播种技术进行抗旱播种；东北春芝麻区，可采用深种浅出播种技术和深开沟浅覆土播种技术；江西红壤旱地秋芝麻主产区，可采用秋芝麻抢潮双层播种技术，确保一播全苗。有灌溉条件的田块在整地播种时，可以开好四周的围沟与腰沟，以备干旱时期用于灌溉防旱。

2. 及时浅中耕，行间加盖覆盖物 有干旱迹象时，及早浅中耕，行间加盖秸秆、地膜等，减少水分蒸发，提高保墒效果。

3. 喷施保水剂，化学抗旱 土壤表面喷施抗蒸腾剂，减少水分蒸发；芝麻叶片喷施抗旱剂和生长调节剂（矮壮素、黄腐酸等），减少叶片蒸腾，促进根系生长发育，增强作物抗旱能力。

4. 持续干旱应采取节水灌溉措施 苗期和初花期遇干旱，应积极采用喷灌、滴灌等节水灌溉技术进行浇灌，结合灌溉每亩可开沟追施 5～10 千克尿素，促苗生长；灌溉后及时查苗补种，也可就近匀苗带土移栽。

第三节　主要病害

1. 症状及危害 芝麻主要病害包括枯萎病、茎点枯病、青枯病、叶斑病。其中，枯萎病多发生于黄淮、华北、东北主产区，发病主要集中在 7～9 月；茎点枯病多发生于黄淮、江淮、华南主产区，盛发期在 8～9 月；青枯病多发生于长江流域、华南主产区，整个生育期间都有发生，但以苗期和中后期发病较重；叶部病害在全国各地均有发生，发病主要集中在 7 月下旬至 9 月上旬，球黑孢叶枯病在淮河流域为害较重。我国芝麻病害常年发病率为 10%～15%，重茬种植病害加重，严重时会导致绝收。

2. 防治措施

（1）合理轮作倒茬或间作套种，减轻病害发生。在黄淮、江淮、华北主产区，芝麻可与小麦、玉米、大豆、花生等作物轮作倒茬或间作套种。

（2）精细整地，沟渠配套。长江流域、华南地区易遭受渍涝害，导致病害大发生，应采用深沟窄厢栽培模式，及时排涝。

（3）选用抗病品种，合理密植。长江流域、黄淮主产区油菜茬种植密度 1.0 万～1.5 万株/亩，黄淮主产区麦茬种植密度 1.5万～2.0 万株/亩，华南区夏芝麻种植密度 1.0 万～1.2 万株/亩，华南区秋芝麻种植密度 1.5 万～2.0 万株/亩，华北春芝麻种植密度 1.0 万～1.2 万株/亩，东北春芝麻种植密度 1.2 万～1.5 万株/亩。

（4）预防为主，安全用药。播前药剂拌种，用种子重量 0.2% 的 50%多菌灵可湿性粉剂或种子重量 0.15%的 25 克/升咯菌腈悬浮种衣剂拌种。发病初期，及时喷药防治，并拔除销毁病株。可选用 50%多菌灵可湿性粉剂 500 倍液、70%甲基硫菌灵可湿性粉剂 800～1 000 倍液、25%嘧菌酯悬浮剂 1 000 倍液、25%戊唑醇可湿性粉剂 1 200 倍液防治枯萎病、茎点枯病，兼治多种真菌性叶部病害；喷施 72%农用硫酸链霉素可溶粉剂 2 000 倍液、20%噻菌铜悬浮剂 500 倍液防治细菌性角斑病；喷施 58%甲霜灵·锰锌可湿性粉剂 500 倍液防治疫病；喷施 20%三唑酮 1 200 倍液或 40%氟硅唑（福星）乳油 8 000 倍液防治白粉病。每种化学农药限用 1～2 次。

第四节　主要虫害

1. 危害特征　芝麻田常发的害虫主要是小地老虎、棉铃虫、甜菜夜蛾。小地老虎为害造成的断茎株率可超过 10%，严重时可导致缺苗断垄，严重影响产量。棉铃虫蛀花蛀果，影响芝麻产量和商品品质。在华北和东北地区以春芝麻为主，蚜虫也是该地区的主要害虫，并能传播病毒病；苗期干旱时还要注意红蜘蛛和蓟马的发生为害，做好预防。黄淮芝麻产区以麦茬芝麻为主，蟋蟀发生普遍，取食茎秆和蒴果，造成的伤口有利于茎点枯病菌的侵染，间接导致茎点枯病大发生。华南地区荚野螟为害较重，局部地区已发现检疫性害虫扶桑绵粉蚧，要加强监控，及时采取防控措施。

2. 防治要点

（1）优先采用农业和物理防治措施。及时清除田间地头杂草，清除的杂草不要堆放在地头，应集中处理；麦茬芝麻，田间地头不要堆积麦秸，以防蟋蟀滋生和匿藏；对于小地老虎等幼虫可采取人工捕杀方法；在规模化种植的产区，应推广频振式杀虫灯、性引诱剂、诱虫板、糖醋液诱杀害虫。

（2）生物防治。可选用生物农药 2.5％多杀霉素悬浮剂 1 000～1 500 倍液喷洒，兼治甜菜夜蛾；或用 Bt 制剂或棉铃虫核型多角体病毒水分散粒剂防治棉铃虫。

（3）化学防治。防治小地老虎和棉铃虫等鳞翅目害虫，关键是在卵孵化盛期和低龄幼虫发生期用药。苗期小地老虎防治可采取毒饵诱杀，用敌百虫等药剂与炒香的麦麸或饼粉混合，拌匀后在芝麻田撒施；棉铃虫防治可选用 20％氯虫苯甲酰胺悬浮剂 4 000 倍液，或 10.5％甲维·氟铃脲 1 500 倍液、150 克/升茚虫威悬浮剂 2 000 倍液、5％氟啶脲乳油 1 000 倍液、10％虫螨腈悬浮剂 1 000 倍液、20％虫酰肼悬浮剂 1 000～1 500 倍液。蚜虫在为害初期防治可选用喷洒 10％吡虫啉可湿性粉剂 1 500 倍液或 10％烯啶虫胺水剂 2 500 倍液。红蜘蛛防治可选用 1.8％甲氨基阿维菌素苯甲酸盐 3 000 倍液，兼治蚜虫。

第五节　主要草害

1. 危害特征　芝麻种子小，苗期生长慢而弱，易发生草害。芝麻种植过程中，草害防控是芝麻高产的关键。芝麻田杂草种类很多，主要有马唐、狗尾草、早熟禾、马齿苋、牛筋草、田旋花、千金子、看麦娘等。通过人工除草和化学除草可以控制草害发生。但如果前期杂草控制较差，或因阴雨连绵天气锄草不及时，会导致草荒，严重影响产量。

2. 防治要点

（1）出苗前杂草防控。播后苗前可用 50％乙草胺乳油 100～150 毫升/亩，或 72％异丙甲草胺（都尔）乳油 150 毫升/亩、50％敌草胺 150 克/亩对水 40～50 千克进行土壤封闭处理。

（2）出苗后杂草防控。出苗后及生长期可使用 5％精喹禾灵

100 毫升/亩或 10.8％吡氟氯禾灵乳油 50 毫升/亩，对水 40 千克喷施。用药时期为芝麻 2～3 叶期、杂草 3～4 叶期为宜。另可结合中耕进行草害防除。

（3）人工及时除草。大雨或连阴雨后要在地面泛白时，及时中耕晾墒、除草松土。

第三章　芝麻生产配套机械

第一节　芝麻播种机械

一、芝麻免耕直播机械

1. 主要性能　该播种机械可以播种施肥一次完成，播种机械与 40 千瓦轮式拖拉机配套，采用后置挂接式连接，播种和施肥量可通过调节排种孔或排肥孔的大小进行控制。本机械设有镇压轮，镇压轮靠弹簧弹力与地面摩擦转动，可将沟槽内松土压实，完成免耕施肥播种作业。

2. 技术特点　利用液压悬挂系统，整机能够水平放置，方便添加种子、肥料，可以一人操作，简单、轻便；播种行数、播种深度可调；播种、施肥、覆土、镇压一次完成，每小时播种 4～6 亩；最佳播种量 0.3～0.5 千克/亩、施肥量 10～15 千克/亩，播种行数为 2～4 行、播种深度为 20～45 毫米。

3. 适宜区域　平原地区及丘陵坡地的中小面积种植。

4. 注意事项　机械操作需要认真阅读使用说明书。小麦收获时留茬高度低于 15 厘米，有利于芝麻播种和幼苗生长；作业时种子箱内的种子不得少于种子箱容积的 1/5；使用后及时清理、维护和保养；有关机械障碍，及时联系厂家。

二、芝麻专用精播机械

1. 主要性能　具有平整土地、洒水、施肥、播后喷施除草剂等多种功能。播种机械与 44.1～66.15 千瓦轮式拖拉机配套，采用后置挂接式链接，利用平整板和滚筒平整土地，采用自吸式播种盘和齿形结构任意调节播种量和株距（10～20 厘米），一次最大播种12 行，行距 300～500 毫米可调，且设有电子化操作平台，能够及时掌握机械相关数据以及机器部件的损坏程度，配合施肥、灌溉、喷洒除草剂等功能，让播种变得更加合理和科学，达到精密播种、一机多效的目的。

2. 技术特点　利用液压悬挂系统，整机能够水平放置，方便添加种子、化肥、除草剂、水，可以一人或二人操作；播种行数和播种深度可调；施肥量和施肥深度可调；亩播种量 100～150 克；播种、覆土、镇压、喷施除草剂一次完成，每小时播种 10～15 亩。

3. 适宜区域　适宜平原区大规模种植使用。

4. 注意事项　机械操作需要认真阅读使用说明书。作业时种子箱内的种子不得少于种子箱容积的 1/5。播种时要经常观察排种器、开沟器、覆盖器以及传动机构的工作状况，如发生堵塞、粘土、缠草、种子覆盖不严，应及时排除。

三、芝麻地膜覆盖播种机械

1. 主要性能　具有铺管、覆膜、打孔、播种和压膜等多项功能。配套动力为 29.4～44.1 千瓦，播种装置包括机架主梁、畦面整形装置、铺膜机构和覆土镇压装置，采用后置挂接式链接、勺轮式排种器。工作幅宽 1 000 毫米，铺膜 1 幅；播种行数为 4 行，行距 200～600 毫米可调；播种深度、穴距可调。

2. 技术特点　利用液压悬挂系统，整机能够水平放置，方便添加种子、更换地膜和滴灌带。随着拖拉机的行进，滴灌带盘转动自行放带，再经过定位装置铺设到两行中间，开沟圆盘在整好的地表两侧开出膜沟，地膜由膜辊经展膜辊展膜后在铺膜辊的引导下铺放，压膜轮将铺放在苗床上的地膜边压在膜沟内，覆土圆盘覆土压住膜边，完成铺膜；点播器在铺好地膜的苗床上进行打穴播种作业，覆土装置紧随点播器掩埋种穴和压膜，完成整个播种过程。亩播量 0.10～0.15 千克，每小时播种 8～10 亩。

3. 适宜区域　适宜一年一熟制、膜下滴灌区域大规模生产应用。

4. 注意事项　铺膜作业要求地面平整；膜边覆土厚度一般要

求 3～5 厘米；作业时种子箱内的种子不得少于种子箱容积的 1/5；播后遇雨，造成土壤板结时，应及时破碎，以免影响出苗。

第二节　芝麻收获机械

一、芝麻割晒机械

1. 主要性能　以小型柴油机为动力装置，具有结构紧凑、操作简单灵活、维护保养方便等特点。配套动力为 6～8.8 千瓦；主要由动力机械和收割机械组成；随着机器的行进，芝麻秆由扶秆器扶起，经带拨齿的皮带传导至切割器，由割刀切断，并由传送带倒向一侧。

2. 技术特点　芝麻割晒机械简单、轻便，适合单人操作。收割幅宽 800～1 500 毫米（2～4 行），每小时收割 0.5～1.0 亩；芝麻留茬高度由扶手高低进行人为调节（割茬高度 80～100 毫米）。

3. 适宜区域　中小面积种植区域较为适宜。

4. 注意事项　机械操作需要认真阅读使用说明书。农艺措施应与收割机械相配套，如成熟时株高小于等于 150 厘米，无倒伏；应在茎秆变黄之后立即收获，过晚易因裂蒴落粒造成损失。

二、芝麻收割打捆机械

1. 主要性能　具有收割茎秆与自动打捆两个功能，可减轻劳动强度，节约生产成本。配套动力为 8～20.58 千瓦手扶拖拉机，采用前置式挂接；收割幅宽 1 000 毫米（2～3 行），每小时收割 1.5～3.0 亩，成捆率大于等于 80%；芝麻留茬高度由手扶拖拉机的扶手进行人为调节。

2. 技术特点　芝麻收割打捆机械适合单人操作。割捆作业时，茎秆由分行器分开，扶秆器扶起芝麻茎秆，并经带拨齿的皮带导向切割器，由割刀切断后，借助茎秆输送装置输送到打捆装置上打捆，然后由送捆器将捆束由侧面放出呈条式落地，完成收割打捆作业。

3. 适宜区域 地势平坦的中小面积种植区域较为适宜。

4. 注意事项 要求地面平整，便于收割时机械行走；应在茎秆变黄之后立即收获，过晚易因裂荚落粒造成损失；收割时应经常观察传动和打捆装置的工作状况，如发生堵塞、缠草等应及时排除。

第六篇 胡 麻

第一章 胡麻高产栽培技术

改革开放 30 年来，胡麻栽培技术研究取得了显著的成效，并从单一学科、单项措施研究向多学科、综合配套技术体系发展。1980年前后，胡麻栽培技术研究的重点是对化肥的施用量、种植密度、播种时期等单项技术措施的试验研究，在胡麻栽培技术方面取得了重大突破。1990 年以后，主要是对以前推广应用的单项技术，进行综合配套研究，主要是胡麻施种肥、氮磷化肥配合施用以及根外追肥为主的科学施肥技术研究，形成了胡麻良种良法配套的密肥高产综合栽培技术。2000 年以后，进行了胡麻优良新品种繁育示范基地建设，研究胡麻与玉米、胡麻与甜菜等间作套种技术，旱地胡麻抗旱节水种植技术试验研究。2010 年以来，在国家胡麻产业技术体系推动下深入探索地膜胡麻栽培技术、测土配方施肥技术，形成了以一膜两用胡麻栽培技术、垄膜沟播集雨种植技术为主的高产抗旱栽培技术规程。通过多点、多地区胡麻播期密度试验，确定了胡麻适宜播期及密度，多年试验结果形成了旱区及灌区胡麻栽培技术规程。

第一节 地膜连用穴播胡麻栽培技术

一、技术概述

该技术是国家胡麻产业技术体系充分利用地膜覆盖先进技术，

提高地膜利用率、节本增效而发明的一项节约地膜、减轻污染、减少耕作次数、提高抗旱能力、增加经济效益的栽培技术。

二、技术要点

1. 旧地膜保护

（1）低茬收割玉米秸秆。在头年收割玉米秸秆时要求尽可能低茬收割，但要防止地膜被损坏，以减轻冬春季土壤水分的蒸发，一般要求距地面 3～4 厘米。

（2）保护地膜。玉米收获后，及时将玉米秸秆砍倒覆盖在地膜上，切忌划破地膜，同时冬季防止牲畜采食秸秆而损坏地膜。

（3）清除秸秆，准备播种。播前一周将秸秆外运，并扫净残留茎叶，用土封好地膜破损处准备播种。

2. 穴播机调试

目前国内市场上小粒作物穴播机的规格有 13、14、15 穴几种，调试将根据每亩保苗数或每亩下籽量确定，首先选择穴播机规格，确定下籽量，再确定种植行距，计算出每穴粒数，根据每穴粒数来调试穴播机。在播前转动穴播机转动手柄，调试到所要求的每穴粒数为准。如果根据下籽量计算出每穴粒数较大，可以加大行距来调节。如选择 13 穴的穴播机，穴距 11 厘米，行距 20 厘米计算，每亩需播种 27780 穴。每亩有效下籽量按 40 万粒计，则每穴粒数为 14 粒，播量密度控制在 20 万粒。适时播种，播种期比露地胡麻提早 5～7 天，定西产区一般以 3 月下旬至 4 月上旬为宜。

3. 配方施肥

在前茬作物玉米铺膜前要施足底肥，底肥以有机肥为主，一般亩施农家肥 5 000 千克以上，配合尿素 22.5 千克，磷酸二铵 45 千克，硫酸钾 19.5 千克。秋施时结合最后一次耕糖施入，春施时在铺膜前 1 周结合耙糖施入。追肥以尿素 7.5 千克/亩，磷酸二铵 15 千克/亩，硫酸钾 4.5 千克/亩效果最好。

4. 选用良种

根据不同的土壤类型和气候特点，选用不同的良种。在干旱半干旱地区应以选用抗旱、抗寒、丰产、含油率高的油纤兼用型品种如定亚 22、陇亚 8 号、陇亚 10 号、陇亚 11 等丰

产综合性状优良的品种为主，在二阴、水浇地以定亚 22、陇亚 9
号、陇亚杂 2 号等丰产性突出、抗倒伏、综合性状优良的油用型品
种为主。

三、注意事项

一是必须选择矮秆抗倒品种，避免因雨水过多而引起倒伏。二
是注意追肥方法，不应将种子和化肥直接混合播种，否则会造成烧
苗。三是在播种后及时用有机肥或草木灰封口，在出苗前或小苗期
间遇大风会吹损地膜。

四、适宜区域

我国甘肃、河北、山西、内蒙古、宁夏、新疆等地区种植玉米
等稀植作物面积大，收获后地膜不受破坏的地区。

第二节　垄膜集雨沟播胡麻栽培技术

一、技术概述

垄膜集雨沟播种植技术是根据旱作农田覆膜垄沟种植微集流富
集叠加高效利用的原理，采取垄上覆膜（集雨产流区），沟内种植
胡麻（集雨利用区），形成沟、垄相间的胡麻种植方式，使覆膜垄
上的自然降水以最近的距离、最短的时间、最快的速度和最少的损
失（蒸发）充分接纳于种植胡麻的沟内，使"贫水富集"，使无效
降雨有效利用、有效降雨高效利用。

二、技术要点

1. 整地　在前茬作物收获后及时灭茬深耕，及时耙糖保墒，
播种前再进行旋耕，做到表土疏松，地面平整。

2. 起垄、覆膜和播种　覆膜集雨沟播种植采用垄上覆膜沟内
种植胡麻，垄沟带型比为 1∶1.5，垄上覆膜宽度 40 厘米，种植沟
宽度 60 厘米。采用幅宽 60 厘米、厚度 0.008 毫米的地膜。

（1）机具。胡麻垄膜集雨沟播栽培是采用专用机具起垄、整垄、覆膜和播种一次完成。

（2）起垄。起垄高度即种植沟底距垄顶端的垂直高度为 15 厘米，垄为圆弧形，垄面宽 40 厘米。

（3）播种。与当地常规栽培胡麻同期播种。在降水量 350～400 毫米的地区，种植胡麻 4 行，每亩播种 3～3.5 千克；在降水量 400～450 毫米的地区，种植胡麻 6 行，每亩播种 4.5～5.0 千克。播深 4～5 厘米。

（4）压膜。为了防止大风揭膜，每隔 2～3 米横压土腰带。

3. 田间管理

（1）地膜保护。经常检查，如地膜有破损应及时用细土盖严。

（2）破板结。播种后出苗前如遇雨雪天气土壤板结时，应及时破除，确保全苗。

4. 收获 胡麻全株 2/3 的蒴果变黄色、下部叶片脱落、籽粒变浅红褐色、变硬时应及时收获。

三、注意事项

起垄覆膜时要做到垄面平滑、覆膜平展，随时检查覆膜质量，如有破损应及时覆土修补。覆膜后每隔 2～3 米横压土腰带。

四、适宜区域

适用于年平均降雨量 350～450 毫米的生态区域，坡度小于 10°、土层深厚、土质疏松、肥力较好的旱塬地、川旱地或梯田推广应用。

第三节 全膜覆盖穴播胡麻栽培技术

一、技术概述

该技术通过全地面覆盖地膜，具有高效接纳降水、抑制无效蒸发消耗、显著提高地温、抑制杂草生长、增加地表光反射等的作用。通过秋季覆膜或初春顶凌覆膜，可以有效控制春季土壤水分散失，提高地温，确保早出苗、保全苗。生长期能有效缓解干旱胁迫、促进胡麻分茎、增加单株蒴果数和千粒重，为胡麻增产奠定了基础。

二、技术要点

1. 播前准备

（1）整地。选择土层深厚、土壤肥沃的川塬、梯田、沟坝地、缓坡（15°以下）地，以胡麻、马铃薯、玉米茬口为佳。前茬收获后及时深耕晒垡，熟化土壤，接纳降水后耙耱收墒，播前精细耙耱整地，达到细、平、净。

（2）选用良种。干旱半干旱区应选用抗旱、抗病、耐瘠、丰产综合性状优良的兼用品种，如定亚18、定亚20、定亚22、陇亚8号、陇亚9号、陇亚10号、陇亚11、陇亚12、宁亚系列等。

（3）施肥。播前结合深耕施入足量的农家肥和氮、磷、钾化肥，防止后期脱肥，每亩施优质农家肥4 000～5 000千克、尿素10～15千克、磷酸二铵10～15千克、硫酸钾5～10千克。

2. 覆膜

（1）秋季覆膜。在当年秋季最后一场降雨后整地施肥，选用120厘米幅宽地膜，采用机械或人工方式进行全膜覆盖，第二年春季播种胡麻。覆膜前应严格整地，做到土地平整，上虚下实，无大坷垃和根茬。覆膜时应做到地膜两边及两头要压实压严，每隔2～3米要压一土腰带，防止冬春大风揭膜。

（2）顶凌覆膜。顶凌覆膜是指早春土壤表土层解冻15厘米时（一般3月上中旬，日均气温5℃以上），及早整地，通过顶凌抢墒覆膜，最大限度地保持土壤有效水分，可明显减少早春土壤水分的无效蒸发，使土壤水分保持较高的水平，能有效解决旱作区春旱严重而影响播种的问题，也保证了胡麻前期的生长。

（3）春季覆膜。铺膜依据土壤墒情而定，当耕作层含水量在13%以上，边铺膜边播种；耕作层含水量低于13%，要抢墒提前铺膜提墒、保墒；如果土壤湿度过大，进行翻耕晾晒1～2天，然后耙松平整土壤再铺膜播种，避免播种时播种孔被堵塞。铺膜时，地要平整，无土坷垃。地下害虫严重的地块，覆膜前亩用 40%辛硫磷乳油 0.5 千克加细沙土 30 千克，拌成毒土撒施，然后覆膜。选用厚 0.008 毫米幅宽 120 厘米农用地膜全地面覆盖，膜与膜之间不留间隙，膜上覆一层薄土，厚度以 1 厘米左右为宜，不宜过薄过厚。

3. 播种

（1）播种期。适期早播，以海拔 2 000 米为基准，播种期以 3 月中旬为宜，海拔每升降 100 米，播种期应推迟或提前 4～5 天。

（2）播种方法。播种时单行穴播机采用同膜同一方向播种，防止播种孔错位，增加放苗次数。播种时第一次去时在前一膜上，来时在第二膜，第二次去时又在第一膜上，来时又在第二膜上。

（3）播种深度和密度。播深 3～4 厘米。密度为亩穴数在 3 万左右，每穴（10±2）粒。幅宽 120 厘米的地膜播种 7～8 行。穴距一般由穴播机规格而定，亩保苗 30 万～40 万株。

4. 田间管理

（1）苗期管理。出苗时及时放苗封口，防止穴苗错位，膜下压苗，保证苗全苗壮。如有杂草钻出地膜应人工清除。

（2）中后期管理。结合防治病虫害，用 0.5%的磷酸二氢钾加 0.5%尿素水溶液或其他多元微肥进行叶面喷施。枞形期喷多效唑或矮壮素，防止倒伏，增强抗旱能力，促进灌浆，增加粒重，提高产量。

（3）病虫害防治。胡麻病害主要有：立枯病、炭疽病、枯萎病、锈病、白粉病等。立枯病、炭疽病、枯萎病用 75%百菌清可湿性粉剂 500～800 倍液，或 70%代森锰锌可湿性粉剂 800 倍液，或 70%多菌灵可湿性粉剂、70%甲基硫菌灵可湿性粉剂 1 000 倍液喷施防治；锈病、白粉病用 20%三唑酮可湿性粉剂 1 000 倍液，或 12%腈菌唑乳油 1 500 倍液加 72%霜疫必克可湿性粉剂 600 倍液喷雾。为害严重时隔 7 天喷一次，连喷 2～3 次。

胡麻虫害主要有蚜虫、漏油虫。蚜虫用 50%抗蚜威可湿性粉剂 4 000 倍液，或 10%吡虫啉可湿性粉剂 1 000 倍液、1.8%阿维菌素乳油 2 000 倍液喷雾防治；漏油虫用 4.5%高效氯氰菊酯乳油

500 倍液，或 24% 溴氰菊酯乳油 1 500 倍液喷雾防治。

5. 适时收获 当胡麻田间大部分茎秆叶片基本变黄脱落、蒴果变黄、种子变硬时，即可在晴天无露时进行收获。

6. 留膜免耕多茬种植 胡麻收获后，保护好地膜，当年可种植冬油菜，翌年还可以种植蚕豆、蔬菜等作物，种植时用施肥枪施肥，防止后茬作物脱肥。

三、注意事项

一是采用秋季覆膜或春季顶凌覆膜效果最好，但越冬及播前地膜保护是确保该技术有效性的重要环节之一；二是采用穴播机播种时，不宜将种子和化肥混合播入，否则易造成烧苗；三是播种后及时用农家肥或草木灰与土壤混合后封口。

四、适宜区域

年降水量在 200～450 毫米的干旱、半干旱胡麻产区的川台、塬地、梯田地均适宜种植。

第四节　旱地胡麻综合增产栽培技术

一、技术概述

我国胡麻主产区主要在干旱半干旱地区，十年九旱，年降水量不足 200～400 毫米，每年因干旱导致大面积胡麻不能正常出苗，严重影响产量。生产上耕作粗放，管理水平低下，产量低而不稳。旱地胡麻增产栽培技术的推广，可以逐步引导农民改进耕作方式，提高胡麻产量。

二、技术要点

1. 合理轮作 胡麻不宜重茬和迎茬种植，否则容易引起病害，消耗土壤中同一种养分，造成减产。所以要进行 3 年以上合理轮作，莜麦等禾本科作物前茬较好。

2. 选用良种　应该选用国内新选育的品质优良、抗旱性强的系列胡麻新品种。

3. 抢墒播种　胡麻具有低温发芽能力和苗期耐寒的特点。种子发芽最低温度为1～3℃，最适温度为20～25℃。在幼苗长出1对真叶时，气温短时间降到-2.0～4.0℃，一般不受冻害；低温播种还可以减少种子内部脂肪的消耗，提高生长期的抗性。早春干旱时，要抢墒播种，播后耙糖镇压保墒，有利保苗全。当5厘米地温稳定通过5℃时即可播种。建议中熟品种在5月初、早熟品种在5月中旬播种。

4. 合理密植　播量多少，应根据品种特性、气候、墒情和土壤类型灵活掌握。地温低、墒情差的可多播，反之少播。千粒重高的可多播，反之少播。一般亩播量按亩有效粒60万粒计算，小粒种子亩播量为3.0～3.5千克，大粒种子亩播量为3.5～4.0千克。

5. 合理施肥　胡麻也是需肥较多的作物，一生中要从土壤中吸收大量的氮、磷、钾等营养元素，其中对氮的需求量最多，磷肥对花蕾和油分的形成影响较大，钾肥促进根系的发育，使茎秆生长良好，提高抗倒伏能力。所以应合理增施肥料，补充土壤中养分的不足，实现增产。有条件的可亩施1 500千克农家肥作基肥；播种时亩施多元复合肥5～7.5千克作种肥；在现蕾前结合降雨追施尿素1次，施用量每亩5千克左右。

6. 适时早中耕　胡麻苗期地上部生长缓慢，而此时杂草生长较快，胡麻生长受到杂草的抑制，不及时进行中耕除草，极易形成草荒。在苗高5～7厘米进行第一次中耕，要浅锄、细锄。一方面除掉杂草，另一方面切断毛细管，减少水分蒸发，起到抗旱保墒作用。现蕾前进行第二次中耕。

7. 病虫草害防治

（1）病害防治。胡麻主要病害有枯萎病、立枯病、炭疽病等，主要采取轮作倒茬，选用抗病品种等措施。近几年白粉病发生较普遍，可用20％三唑酮可湿性粉剂1 000～1 500倍液喷雾。

（2）虫害防治。近几年胡麻苗期盲蝽发生日益严重，主要为害植株生长点，造成无心无头的胡麻可高达 30％以上，影响生产。捕虫网 5 复网达到 30 头左右时，用 4.5％高效氯氰菊酯等菊酯类农药喷雾防治。

（3）胡麻田杂草防除。

播前处理：播种前 7～10 天，用 48％氟乐灵乳油 60 毫升/亩对水 30 千克均匀喷施土壤表面，及时用钉耙耙耱。可有效控制全生育期杂草危害。土壤墒情差的地块，易加剧水分蒸发，酌情采用。

苗期处理：禾本科杂草如狗尾草、野莜麦、野糜子、稗草等用 10％精喹禾灵乳油 60 毫升/亩，或 10.8％吡氟氯禾灵乳油 60 毫升/亩，或 240 克/升烯草酮乳油 100 毫升/亩，或 50 克/升唑啉草酯乳油 100 毫升/亩，或 15％精吡氟禾草灵乳油 120 毫升/亩。阔叶草如藜（灰条）、苦荞、苋、苦菜等用 40％二甲•辛酰溴乳油 100 毫升/亩，或 30％辛酰溴苯腈乳油 100 毫升/亩。阔叶草和禾本科杂草混合发生，采用防除阔叶杂草的除草剂一种与防除禾本科杂草的除草剂一种混用，二者的剂量相加即可。以上药剂对水 45 千克/亩，在杂草 3～5 叶期，胡麻苗高 5～7 厘米，茎叶均匀喷雾。防除胡麻田芦苇用 10.8％吡氟氯禾灵乳油 80 毫升/亩，对水 45 千克/亩，芦苇 20～30 厘米时均匀喷雾。选择无风或微风晴朗天气，在上午喷施。

8. 适时收获　当田间有 75％蒴果变褐，种子呈固有色泽，摇动植株沙沙作响即可收获。收获过晚一方面易造成裂果落粒，另一方面桃内青粒易受冻致死。

三、注意事项

气候适宜时适当早播种或抢墒播种；除草剂用量要规范，不得随意增减，以免防除效果不佳或造成药害。

四、适宜区域

适宜干旱、半干旱胡麻产区及类似生态区应用。

第五节 秋施肥抗旱胡麻栽培技术

一、技术概述

该技术针对我国旱地胡麻产区土壤瘠薄、降水量少、蒸发量大，春季多风少雨、干旱严重、施肥耕作跑墒严重、肥料吸收利用率低、产量低而不稳，秋季施肥肥效显著提高的特点，根据养分平衡法施肥原理，结合配方施肥和旱地胡麻生长规律，提出以提高水分和肥料利用效率为中心的节本增效抗旱栽培技术，最终达到最大限度提高自然降水和肥料的利用效率，实现旱地胡麻高产高效的目的。

二、技术要点

1. 轮作倒茬，合理整地 胡麻最忌连作，连作消耗同一养分过多，产量降低，还易引起严重的病害，出苗率低，死苗多，应进行合理倒茬。选择前茬以豆类等夏茬地为好，所选地块土壤无污染，土层深厚，土壤结构好，肥力中等，坡度在15°以下。前作物收获后及时深耕灭茬，接纳伏秋雨水，耕深20~25厘米。冬季土壤封冻之前进行耙耱镇压，翌年春季避免施肥耕作，以防止土壤水分散失。

2. 施肥 胡麻种子小，子叶出土、顶土力差，幼苗根系纤弱，植株前期生长缓慢，后期对水分和养分要求高；胡麻生育期短，合理施肥应以基肥为主，有机肥和化肥配合施用，有机肥必须充分腐熟，羊粪是胡麻较好的有机肥，有机肥在秋季作基肥结合耕翻一次施入，每亩沟施有机肥2 000~3 000千克、尿素10~12千克，配施过磷酸钙20~25千克。也可将肥料分别撒施于地表，耕翻入土，使土肥充分混合，然后耙耱平整。追肥可根据地力和苗情进行，如果是壮苗，叶色深绿可不施或少施，若是弱苗，叶色淡时可多施，可视降雨情况或墒情好时进行追肥。

3. 良种选用 选用抗旱、抗病、耐瘠、丰产综合性状优良的品种，播前晒种，以提高发芽率。

4. 适时播种　春季播种期尽量避免耕作，在土壤解冻、平均气温稳定通过 5℃后，适当早播可有效利用土壤储存的水分，提高出苗率和抗旱能力。可用胡麻穴播机直播，也可用播种机条播，山坡地或不适宜机播的小块地可用畜力耧播。播后及时耙糖，以防土壤跑墒。行距保持在 17 厘米左右，播深视墒情而定，一般 2～3 厘米为好。播种量 3.5～4.0 千克/亩，保苗 20 万～25 万株/亩。

5. 草害防控　根据胡麻田间杂草危害情况，及时防控杂草。杂草稀少时，可结合中耕进行人工除草，胡麻枞形期生长缓慢，易受干旱影响，加之土壤蒸发量大，因此，苗期的任务是中耕除草，蓄水保墒。一般在苗高 10 厘米左右时进行第一次中耕，应浅锄，现蕾时进行第二次中耕，可深锄。杂草多密时，进行化学防除，一般在苗高 5～10 厘米时用 20%烯禾啶乳油 200～300 克加 70%的 2 甲 4 氯 50～70 克，对水 30～40 千克进行叶面喷洒，可有效防除田间杂草。

6. 病虫害防治　胡麻苗期病害可在播种前用种子重量 0.3%的 50%多菌灵可湿性粉剂拌种防治；地老虎等地下害虫可在播前用每亩 0.5 千克辛硫磷掺细土 20 千克处理土壤，或用 0.2%的辛硫磷乳油拌种防治；生长期间应注意防控金龟子、蚜虫等虫害和白粉病等病害，如发现病虫害应选用对路药剂及时防治。

7. 适时收获　胡麻适时早收有一定增产作用，一般可增产 5%，胡麻生长后期雨水较多，往往容易发生返青现象，造成减产。因此，在胡麻下部叶片变黄、部分叶片脱落、50%～60%蒴果发黄个别变成褐色只有少数籽粒微有黏感时，即可收获。

三、注意事项

生育期间应关注天气及气象预报，结合降雨适时适量追肥，施用量以 3～5 千克/亩硝酸铵或尿素为宜。

四、适宜区域

该技术适宜在干旱、半干旱胡麻产区推广应用。

第六节 灌区水肥高效利用胡麻栽培技术

一、技术概述

灌区水肥高效利用胡麻栽培技术是根据灌区胡麻产地的自然资源状况、生产条件和胡麻不同生长发育阶段的特点及其对水分和养分的需求规律，通过合理的水肥管理措施来调控胡麻生长，以协调群体与个体、地上与地下、营养生长与生殖生长之间的关系，进而实现水肥高效利用栽培技术下胡麻的高产优质。

二、技术要点

1. 选地整地 前茬作物一般选玉米、豆类、马铃薯等，避免重茬，以利于胡麻的生长发育和减少病虫害。前茬作物收获后，尽早耕翻，熟化土壤，耕翻深度在 20 厘米左右，这样有利于前茬作物的根茬腐熟，更有利于田间杂草的灭除。前茬作物为玉米时，在入冬前应将玉米根茬人工刨除或用旋耕机打碎进行秋耕，翻耕作业越早越好。整地时要根据地形和平整状况将大块农田划分为小畦，既便于田间水肥管理，又可节约用水。

2. 冬灌 有冬灌条件的地区要尽可能冬灌，冬灌要保证灌饱、灌足。待灌水充分下渗、地表发白时进行浅耕、浅耙，耱平、镇压保墒。也可在春播前 15 天左右进行春灌溉，待土壤解冻达到可耕状态时，结合施用适量肥料和除草剂进行耕翻、镇压保墒。

3. 良种选用 灌区胡麻应选用植株较矮、抗倒伏能力强、高抗枯萎病、早熟丰产的优质品种。播种前人工精细选种，剔除病粒、虫粒、小粒及其他混杂粒，净度达到 95％以上，纯度达到98％以上。

4. 播种 掌握适当的播种时期是争取苗全、苗齐、苗壮的关键。冬灌地应适当早播，一般在 3 月中旬到 4 月上旬，5 厘米土层温度保持在 5℃以上时开始播种。春灌地应抢时早灌，抢墒早播。播种量按 50 万～60 万/亩有效粒数计算，一般约为 4 千克/亩左右,保苗 35 万～45 万株/亩。播种方法可选用机播或条播。墒情好的地块可适当浅播,一般播种深度在 3 厘米左右,播后及时耙糖镇压,以防跑墒;墒情差的地块,可略深一些,一般不超过 5 厘米,播后可留沟不耱。播种行距以 15～20 厘米为宜。

5. 施肥 灌区胡麻应结合冬春整地一次性施入基肥,每亩沟施有机肥 2 500～3 500 千克、尿素 15～18 千克,配施过磷酸钙30～40千克。种肥一般施用 4 千克磷酸二氢钾即可。追肥要视土壤肥力和苗情而定。对因基础肥力差造成苗弱的胡麻田,在苗期应结合灌水早追头肥,一般追施硝酸铵 5～10 千克/亩或尿素 5 千克/亩;现蕾期再追二次肥,每亩追施速效化肥 5 千克。对肥力中等的普通胡麻田,一般在现蕾前追施一次肥料即可,一般追施硝酸铵5～10 千克/亩或尿素 5 千克/亩。对肥力高的旺苗胡麻田,可不予追肥。

6. 灌水 胡麻属抗旱性较强的作物,需水相对较少,应节约灌水,生育期间灌水 2 次为宜。一般在苗期可以不灌水,现蕾前灌头水,要小水细灌,尽量灌足、灌透,亩灌水量 80 米^3 左右;开花末期至青果期灌第二次水,适当浅灌,亩灌水量 40～60 米^3;气候特别干燥的区域,对保水性能差的地块,有灌溉条件时可在枞形期、现蕾期、青果期结合施肥分别进行灌水,以后视胡麻植株缺水状况和供水条件灌第四次水,要求最好做到水过地皮干。

7. 中耕除草 灌区胡麻恶性杂草主要有菟丝子和野燕麦,一般杂草主要有苣荬菜、田旋花、藜、苍耳、车前等,可结合中耕进行防除。第一次中耕一般在胡麻苗高 3～6 厘米时,第二次中耕在苗高 15～20 厘米时为宜,以后不再进行中耕作业,结合除杂去劣,手工拔除杂草即可。

8. 病害防治 灌区胡麻发病普遍,为害较重的主要是白粉病和枯萎病,锈病一般不发生。胡麻白粉病发病初期一般在 6 月初,这时正值胡麻开花盛期,应在胡麻白粉病初发前期的 5 月下旬叶面喷洒 15% 三唑酮可湿性粉剂 1 000～1 500 倍液,或 75% 甲基硫菌灵可湿性粉剂 800～1 000 倍液防治。每隔 10～15 天喷洒 1 次,防治 1 次或 2 次即可。胡麻枯萎病一般用药剂拌种比较容易防治,一般在播种前用种子重量 0.5％的 50％硫菌灵可湿性粉剂，也可用种子重量 0.2％的 15％三唑酮可湿性粉剂、0.3％～0.4％的 50％多菌灵可湿性粉剂拌种，均能起到很好的预防作用。胡麻枯萎病发病期采用 65％噁霜·锰锌可湿性粉剂 800 倍液，每隔 10 天喷施 1 次，胡麻全生育期共喷 2～3 次防治。胡麻锈病在发病初，用 20％萎锈灵乳剂 400～600 倍液，或 80％代森锰锌可湿性粉剂 600～800 倍液喷雾防治。

9. 虫害防治　在灌区胡麻生产中，为害最严重、防治最困难的害虫是潜叶蝇。潜叶蝇防治要突出一个"早"字，发现叶片有虫就要防治。药物防治的适宜时期一般在 6 月中旬胡麻盛花期前，正值潜叶蝇为害初期，叶面喷洒 48％毒死蜱乳油 1 000 倍液或 10％虫螨腈乳油 1 000 倍液、20％潜叶净微乳剂 1 000 倍液防治。

10. 化学除草　禾本科杂草和阔叶杂草可用 40％二甲钠·辛酰溴乳油 100 毫升/亩、80％溴苯腈可溶性粉剂 30 克/亩加 8.8％精喹禾灵乳油 60 毫升/亩，或加 10.8％吡氟氯禾灵乳油 80 毫升/亩，或加 240 克/升烯草酮乳油 80 毫升/亩，或加 50％克/升唑啉草酯乳油 100 毫升/亩，或加 15％精吡氟禾草灵乳油 100 毫升/亩，对水 45 千克/亩，叶面喷洒同时防治。一般在胡麻株高 7～10 厘米时，选择无风或微风晴朗天气的上午进行。

11. 收获　灌区胡麻土地平整，适宜机械收获。对于连片大规模种植的胡麻田，可用联合收割机一次性收获。对于种植相对分散、地块较小的胡麻田，可用小型机械先割倒晾晒，再收回脱粒。收获时胡麻要充分成熟，90％蒴果黄熟，种子变硬呈固有色泽即可收获。关注气象预报，选择在连续晴朗天气条件下收获。

三、注意事项

施肥和灌水应根据胡麻苗情，适时适量，以节本增效。病虫草害及时防控，减少损失。

四、适宜区域

该技术适宜在有灌溉条件的胡麻产区推广应用。

第二章　胡麻生产防灾减灾应急技术

随着全球气候变化，极端天气异常发生，农业气象灾害频繁发生，灾害损失逐年增加。近5年的统计结果表明，因农业气象灾害的影响，我国平均每年粮食受灾面积达0.52亿公顷，粮食损失超过500亿千克。影响农业生产的主要气象灾害有干旱、低温、洪涝、冰雹等，每年均有不同程度的农业气象灾害发生，气象灾害占自然灾害的80%以上，其中低温、干旱灾害占气象灾害的60%以上，并且危害范围广、发生频率高、连锁反应显著、灾情发生重，严重威胁整个农业生产的发展。根据中国胡麻栽培地区的地理分布及品种的生态特性，全国大体上可划分为7个区，每一自然区域都处于干旱半干旱的生态类型。

1. 黄土高原区　该区为中国胡麻最主要产区，包括山西北部、内蒙古西南部、宁夏南部、陕西北部和甘肃中部及东部，分布在北纬35°05′～39°57′，海拔1 000～2 000米之间，气候垂直地带性明显，生育期热量适中，水分状况前干后湿，日照中等，土壤瘠薄。

2. 阴山北部高原区　该区系以蒙古高原为主的华北北部高寒地带。包括河北省坝上、内蒙古阴山以北三盟一市12个农业旗（县），分布在北纬41°以上，海拔1 500米左右，生育期热量不足，水分状况较差，日照充足，土壤肥力较高。

3. 黄河中下游及河西走廊灌区　该区包括内蒙古河套和土默川平原、宁夏引黄灌区、甘肃河西走廊。分布在北纬37°30′～40°59′，海拔1 000～1 700米之间，生长期热量充足，水分依靠灌溉，日光充足，病害发生较少，土壤盐渍化较重，后期常有干热风，蚜虫为害严重。

4. 北疆内陆灌区　该区在天山与阿尔泰山间的准噶尔盆地和

伊犁河上游，主要分布在绿洲边缘地带，生长期热量充足，山麓地带有雪水灌溉，苗期温度较低，大气干旱。

5. 南疆内陆灌区　该区包括天山以南到昆仑山之间的塔里木盆地。生育期热量充足，冬季较温暖，春季升温快，夏季温度高，水分主要靠灌溉保证，大气特别干旱。

6. 甘青高原区　该区包括青海省东部及甘肃省西南部高寒地区，属青藏高原的一部分。主要分布在海拔2 000米左右的地区。生长期热量不足，气候寒湿，土壤肥力较高，后期易遭霜害。

第一节　干　旱

全国胡麻主产区干旱灾害的主要特点：一是旱灾几乎影响所有胡麻主产地区，其中易受灾地区为甘肃、山西、河北、内蒙古等地区，总面积约占全国胡麻种植面积的8成。二是春夏伏旱严重。一般旱情都发生在春夏季节，春旱严重影响胡麻出苗和保苗，夏旱影响胡麻灌浆和产量，胡麻主产区几乎都是十年九旱，对产量影响极大。三是干旱对生态环境造成较大影响。由于部分地区降水量偏少，严重影响灌溉水和饮用水储存，特别是牧区牧草也处于枯死状态，生态环境遭到严重破坏。

应对措施：

1. 选用抗旱品种　目前使用的抗旱性较好的品种有陇亚8号、陇亚10号、陇亚杂1号、陇亚杂2号、定亚22、定亚23、宁亚14、晋亚9号、轮选1号等。

2. 地膜覆盖栽培　要因地制宜，积极采用覆膜穴播、膜侧种植、垄沟覆膜等农田微集水种植技术。上年覆膜种植的作物，收获时及收获后尽可能保护好地膜，翌年春季在残膜上直接采用穴播机播种；上年晚秋或当年初春可进行秋覆膜或顶凌覆膜。覆膜方式有全面平膜薄覆土、全膜微垄沟、微垄间膜等方式。通过覆膜减少土壤水分的蒸发，提高土壤耕层的含水量，保证种子发芽出苗。

3. 镇压保墒　在土壤未完全解冻之前，利用各类小型拖拉机和牲畜牵引铁磙或石磙充分镇压，减少土壤水分的散失，保存土壤水分。

4. 扩大灌溉 凡有灌溉水源和灌溉设施的地区，要充分利用各种灌溉资源，千方百计地增加灌溉面积；对冬灌旱、墒情差、难出苗的地块要进行补灌，确保灌溉地区实现饱墒播种。

5. 抢墒播种 春季土壤墒情较好时，要提前备好种子、化肥等生产资料，适当提前播期，抢墒播种；墒情差不能播种的，等待降雨，抢墒播种；由于干旱不能适时播种的，要选择备好生育期较短的品种待雨抢播。

6. 深播浅覆 根据土壤墒情采用相应的播种技术，土壤墒情较差的应采取深开沟、浅覆土技术，以使种子能够播到湿土上；播后要及时耙糖或镇压，以利于保存土壤水分。

7. 加强田间管理 生育前期遇旱，造成弱苗时，要加强除草、防虫等田间管理，保苗促发；遇有效降雨时，及时追施尿素 3～5 千克，促进发育；有条件时，可采取人工增雨，减轻或解除旱情。花期之后遇旱，喷施磷酸二氢钾可减轻旱灾影响。

第二节 低温冷害

近年来，在胡麻生长期，易遭受温度急剧变化的影响，特别是寒潮、低温、倒春寒等灾害造成的危害较大。当出现低温时，能在短时间内对胡麻生长产生不可逆转的影响。在胡麻主产区受到倒春寒的影响较大，一般是 4～5 月的极速降温甚至降雨、降雪都会对苗期胡麻生长产生严重影响。连续低温天气，容易造成胡麻大面积秧苗溃烂萎蔫，或者使胡麻生长缓慢，进而影响花器质量和结实率。主要受灾区域包括内蒙古、甘肃、河北、新疆等。

应对措施：加强低温冷害和霜冻的监测预报，适时提供监测信息，采取防御措施。霜冻来临之前可用秸秆、树叶、杂草等作燃料，均匀布置成堆，选在上风向点火，慢慢熏烧，使地面笼罩一层烟雾，可降低辐射冷却，提高近地面的温度。也可用红磷等化学药物在田间燃烧，形成烟幕，也有防霜效果。一旦发生低温冷害或霜冻，可采取灌水、追施速效氮肥（3～5千克）等补救措施，促进新叶、分茎、分枝生长，减轻危害。

第三节　冰　雹

我国胡麻主产区都会遭受不同程度的冰雹灾害，尤其北方山区及丘陵地区，地形复杂，天气多变，冰雹多，受灾重，对胡麻生产危害很大，冰雹会损坏农作物及农业生产设施。

总体来说，我国冰雹灾害发生的时间分布十分广泛，胡麻主产区甘肃、内蒙古、河北、山西等地区在6～8月。由于降雹有非常强的局地性，所以各个地区以至全国年际变化都很大。

冰雹灾害性天气主要发生在中小尺度天气系统中，常在低空暖湿空气与高空干冷空气共同作用导致的大气极不稳定的条件下出现，是小尺度的天气现象，常发生在夏秋季节，中纬度内陆地区为多。但是由于它的出现常带有突发性、短时性、局地性等特征，一旦发生，猝不及防，这使得对它的预测非常困难。因此，对冰雹灾害的防治，首先必须加强对冰雹活动的监测和预报，尽可能提高预报时效，抢时间，采取紧急措施，以最大限度地减轻灾害损失，特别是避免人员伤亡。

应对措施：

1. 人工防雹目前采用较多的是用高炮或火箭将装有碘化银的单头发射到冰雹云的适当部位，以喷焰或爆炸的方式撒播碘化银，驱云化雹，减轻雹灾。

2. 冰雹发生后，可根据灾情采取措施，若是胡麻伤及部分茎叶，可立即追施速效化肥，以促进发育减轻危害；若遇毁灭性灾害，应立即翻耕改种其他作物。

3. 成熟的作物及时抢收。

4. 多雹灾地区降雹季节农民下地时应随身携带防雹工具，如竹篮、柳条筐等，以减少人身伤亡。

第四节　主要病害

胡麻病害有 15 种之多，其中严重的主要有锈病、派斯莫病、枯萎病和白粉病。胡麻锈病病原菌为 *Melampsora lini*，为担子菌纲栅锈菌属的胡麻栅锈菌。胡麻锈病在世界各胡麻产区均有发生。胡麻派斯莫病又称斑点病或斑枯病，病原菌为 *Septoria linicola*，是一种检疫性病害。该病自胡麻幼苗出土到蒴果及种子成熟期都可发生，为害胡麻植株地上所有部分，叶片产生病斑，花及蒴果脱落，茎部染病产生长圆形褐色病斑，扩展后呈不规则形，严重的环绕全茎，与绿色交错分布使茎秆产生斑驳。派斯莫病在北美洲、南美洲和欧洲均有发生。胡麻枯萎病病原菌为 *Fusarium oxysporum* f. sp. *lini*，为镰刀菌属胡麻专化型。枯萎病主要通过土壤传播，其次是种子带菌传播。苗期至收获期均有发生，以苗期发病最重，在苗期引起猝倒和死亡。胡麻枯萎病是胡麻生产上最重要及最具毁灭性的病害。早在 20 世纪初，由于胡麻枯萎病的发生，导致北美地区的胡麻生产不断地向新开垦的土地转移以避开土传的胡麻枯萎病，直到二三十年代选育出 Bison、Redwing、Bolley Golden 等抗胡麻枯萎病品种后，胡麻才得以在同一地区大面积种植（Stoa，1945；lay 等，1984）。胡麻白粉病病原菌为胡麻粉孢（*Oidium lini*），其有性态为二孢白粉菌（*Erysiphe cichoracearum*），属子囊菌亚门真菌。胡麻白粉病主要在胡麻生长后期为害较重，白色粉状物影响种子产量和品质。国外对胡麻病害的防治进行了较为系统的研究，1961 年第一个兼抗胡麻锈病和枯萎病的胡麻品种-Renew 在美国北达科他州立大学 Mandan 试验站育成。法国有针对性地采用 Vinclozoln 处理种子，防治立枯病、灰霉病等，用 Prochloraz 防治炭疽病和萎蔫病。

1. 胡麻白粉病

（1）症状及危害。胡麻白粉病在胡麻整个生育期都可发生，一个生长季节中再侵染可重复多次，造成白粉病的严重发生。环境温湿度和栽培管理条件对此病的发生流行有重要的影响，阴天高湿条件利于白粉病的发生，当温度在 20~26℃，最适宜白粉病的发展。主要为害叶片和茎秆，病害一般先发生在底层叶片，逐渐向上部感染，茎、叶及花器表面形成白色绢丝状光泽的斑点，病斑扩大，形成圆形或椭圆形，呈放射状排列。先在叶的正面出现白色粉状薄层，以后扩大及叶的背面和叶柄，最后布满全叶。此粉状物后变灰、淡褐色，上面散生黑色小粒，病叶提前变黄，卷曲枯死。

（2）化学防治。在胡麻白粉病始发期（底层叶片正面零星出现白色粉状）开始用药，选择晴朗无风或微风天气喷雾防治。第一次用药后，如果 1 周后病情继续发展，再喷第二次药；如果没有继续发展，就不用再用药。施药浓度及用药量：40%氟硅唑（福星）乳油 112.5 克制剂量/公顷，即每亩 7.5 克，用水 45 千克/亩稀释；43%戊唑醇（好力克）悬浮剂 225 克制剂量/公顷，即每亩 15 克，用水 45 千克/亩稀释。

（3）注意事项。胡麻白粉病的防治务必要在始发期进行，用药太晚会影响防治效果。选择晴朗无风或微风天气用药。

2. 胡麻枯萎病

（1）症状及危害。胡麻枯萎病属土传性真菌病害，从苗期至收获期均有发生，以苗期发病最重，在苗期引起猝倒和死亡。该病病原菌主要有两种侵染方式：一种侵袭幼根的皮层，而不侵袭维管束，干旱时根部皮变皱，呈灰褐色或淡蓝色，土壤湿度大，根部腐烂；另一种从土壤经由根部进入茎内，在导管里发育，堵塞导管或毒害植株，最初下部叶片黄化，失绿凋萎，向上部发展，梢部下垂，最后全株死亡，变褐色，病株根系被破坏，极易从土中拔出。胡麻前期发病多萎蔫，植株变褐，后期发病多成片发生，受害植株矮小，很容易从地里拔出，即使未死的成株，因导管堵塞，也出现条形失绿，呈红褐色条斑。

（2）农业防治。一是选用抗病品种。选择近年来通过全国胡麻区试筛选鉴定出的抗枯萎病新品种，如轮选系列、陇亚系列、晋亚系列等品种。种子要达到国家一级良种标准。二是合理轮作。有条件的地区实行 3～5 年或以上的轮作，严禁重茬、迎茬。三是精耕细作。良好的田间管理也是减轻枯萎病的措施之一。

（3）化学防治。枯萎病的初次侵染源来自土壤和种子，在发病重的地区或者没有适合当地种植的抗病品种的区域，播前种子用药剂处理是十分必要的。具体方法：播前用种子重量 0.5％～0.8％ 的 70％代森锰锌可湿性粉剂、50％福美双可湿性粉剂或者 50％多菌灵可湿性粉剂拌种或者用胡麻专用种衣剂进行包衣处理。出苗后如有发病，可用 50％多菌灵可湿性粉剂 500 倍液灌根。

（4）注意事项。一是选择抗病品种时，除满足抗病要求外，应选择适宜当地气候和生产要求的品种种植。二是拌种时，种子重量、药量和水量称量要准，稀释要均匀，以防药物过多而伤害种子，药量过少则达不到灭菌的目的。三是拌种时要尽量做到随拌随种，不能长期存放，拌好药的种子不宜在阳光下曝晒，以免影响药效。四是目前拌种的农药多为毒性较大的农药，操作时要注意安全，拌种时应戴口罩，穿长袖衣服，拌种后剩余农药要及时清理干净，防止人畜中毒。

第五节　主要虫害

胡麻虽然为小作物，但害虫具有种类多样性、群落结构复杂之特点。据报道印度胡麻害虫种类有 28 种，英国胡麻害虫达 30 种之多。世界各地不同胡麻种植区域害虫群落结构明显不同。蚜虫、蓟马、夜蛾、潜叶蝇以及卷叶蛾则是不同胡麻栽培区域为害胡麻的共有害虫，但不同栽培区域的优势种类不同，例如印度的胡麻蚜虫以萝卜蚜（*Lipaphis erysimi*）与花生蚜（*Aphis medicaginis*）为主，而我国则以胡麻蚜（*Yamaphis yamana*）与胡麻无网长管蚜（*Acyrthosiphum* sp.）为主，芸芥长蝽（*Nysins ericae*）和苜蓿盲蝽（*Adelphocoris lineolatus*）对胡麻为害比较严重，是我国西北地区为害胡麻相当严重的害虫，而国外对这两种害虫报道很少。我国西北地区胡麻象鼻虫（*Ceuthorrhynchus dareptanus*）则是当地为害胡麻的特有种类。

1. 黑绒金龟子

（1）危害特征。成虫在 15～16 时开始出土为害胡麻幼苗，17～20 时聚集最多，20 时以后逐渐入土，潜伏于表土层 2～5 厘米深处。5 月下旬、6 月上旬成虫入土约在 10 厘米土层内产卵。幼虫以作物根及腐殖质为食，7 月下旬至 8 月间做土穴化蛹，8 月下旬至 9 月化为成虫即在土内越冬。

（2）防治要点

①杀灭出土成虫

喷药：根据成虫出土后几天不飞翔的习性，可在虫口密度大的田块、地埂喷施 2.5％溴氰菊酯乳油或 5％S-氰戊菊酯乳油 2 500 倍液，防治效果均在 90％以上；采用 4.5％瓢甲敌（氰戊菊酯类或氯氰菊酯类）乳油 1 500 倍液防治效果也很好。

诱杀：根据成虫先从地边为害的习性，于下午成虫活动前，将刚发叶的榆、杨树枝用 2.5％溴氰菊酯乳油 1 500 倍液或 80％敌敌畏乳油 100 倍液浸泡后放在地边，每隔 2 米放 1 枝，诱杀效果较好。

毒土：每亩用 4％敌马粉 2.5 千克对干细土 60 千克混匀后撒施。

②防治出土前成虫：根据黑绒金龟子在上年为害作物地越冬，翌年 4 月上旬集中在土表 5～10 厘米的习性，在越冬田块结合播种施毒土防治。具体方法是：①每亩用 40％辛硫磷乳油 0.35 千克对水稀释 10 倍与 60 千克细干土拌匀堆闷 30 分钟后撒施；②每亩用 4％敌马粉或 4.5％甲敌粉 1.5 千克对 60 千克细干土或混在有机肥中，拌匀后撒施在耧沟或机沟中，先撒后播种打糖。

（3）注意事项。对旱地刚出土的幼苗危害性较大，在胡麻将要出苗时注意观察胡麻田周围田埂的虫口密度，及时将黑绒金龟子成虫控制在胡麻田之外，一旦蔓延防治非常困难。

2. 胡麻蚜虫

（1）危害特征。蚜虫在我国胡麻主产区均有分布，是胡麻主要害虫之一。一般在 5 月中、下旬开始为害胡麻，6 月上、中旬气温不断升高，而蚜虫种群数量不断增加常会出现为害高峰，可连续发生至 8 月。多在心叶及叶背为害。

（2）防治要点。在 5 月中、下旬开始，加强田间虫情调查，如发现百株虫量达到 1 200～1 500 头要及时防治。可选用高效氯氰菊酯乳油 2 000 倍液、3%啶虫脒乳油 1 500～2 000 倍液、20%氰戊菊酯乳油 2 000 倍液、1.8%阿维菌素乳油 2 000～3 000 倍液、5%吡虫啉乳油 30 克/亩对水喷雾防治；生物农药选用 1%苦参碱可溶液剂 40 克/亩、2.5%鱼藤酮乳油 70 克/亩对水喷雾。

（3）注意事项。由于蚜虫多在心叶及叶背为害，药液不易喷到，故应尽量选用兼具内吸、触杀、熏蒸作用的药剂。同一种药剂长期使用会使蚜虫产生抗药性，因此要将推荐的防治蚜虫药剂交替使用。

3. 草地螟

（1）危害特征。草地螟是北温带干旱少雨气候区的一种暴发性害虫，我国主要分布区是东北、西北、内蒙古。1 年发生 2～4 代，成虫飞翔力弱，喜食花蜜。

（2）防治要点。对为害胡麻的草地螟幼虫要在三龄前使用下列农药防治：化学农药有 2.5%氯氟氰菊酯乳油、5%S-氰戊菊酯乳油、15%阿维·毒乳油，生物农药有中农 1 号水剂、0.3%苦参素 4 号、0.3%苦参素 3 号均对草地螟具有极其显著的防治效果，持效期长。

（3）注意事项。目前草地螟对溴氰菊酯类农药已经产生抗药性，因此不宜用溴氰菊酯（敌杀死）来防治草地螟。

第六节　主要草害

我国甘肃、内蒙古、宁夏、河北、山西、新疆胡麻主产区胡麻田杂草种类及其优势种类主要科为禾本科、菊科、藜科、苋科和旋花科，优势种为地肤、狗尾草、藜、苣荬菜、稗草和打碗花等。

一、一年生杂草

1. 草害名称　胡麻田一年生杂草主要包括：藜、卷茎蓼、反枝苋等阔叶杂草和野燕麦、狗尾草、稗草、野糜子等禾本科杂草。

2. 发生时期　胡麻田草害发生一般贯穿于整个生育期。

3. 防治要点

（1）胡麻田藜、卷茎蓼、反枝苋等阔叶杂草的防除。胡麻株高5～10厘米，选用40%2甲·辛酰溴乳油100毫升/亩或30%辛酰溴苯腈乳油100毫升/亩、80%溴苯腈可溶性粉剂45克/亩，对水45千克进行茎叶喷雾处理。

（2）胡麻田野燕麦、狗尾草、稗草、野糜子等禾本科杂草的防除。胡麻株高7～10厘米，选用8.8%精喹禾灵60～80毫升/亩，或108克/升高效氟吡甲禾灵乳油70～90毫升/亩、150克/升精吡氟禾草灵乳油100～120毫升/亩、240克/升烯草酮乳油90～100毫升/亩、15%炔草酸可湿性粉剂50～60克/亩、12.5%烯禾啶乳油180～200毫升/亩、50克/升唑啉草酯乳油90～100毫升/亩，对水45千克进行茎叶喷雾处理。

（3）胡麻田阔叶杂草与禾本科杂草的兼防。两类杂草兼防可采用除草剂混用，即40%2甲·辛酰溴乳油100毫升/亩、30%辛酰溴苯腈乳油100毫升/亩、80%溴苯腈可溶性粉剂45克/亩分别与8.8%精喹禾灵乳油60毫升/亩、108克/升高效氟吡甲禾灵乳油70毫升/亩、150克/升精吡氟禾草灵乳油100毫升/亩、240克/升烯草酮乳油100毫升/亩、15%炔草酸可湿性粉剂50克/亩、12.5%烯禾啶乳油180毫升/亩、50克/升唑啉草酯乳油90毫升/亩混用，共21个混用组合，一次用药可控制胡麻全生育期杂草。施药时期为胡麻株高5～10厘米，用水量为45千克/亩。

4. 注意事项

（1）除草剂具有专一性，本技术要点推荐的除草剂及其混用组合只能用于胡麻田化学除草。

（2）根据杂草种类选用除草剂，地块面积和用药量一定要准确，不得随意增减药量。

（3）掌握施药时期，要求在胡麻株高 5～10 厘米时施药。

（4）合理配药，喷雾器中先加半箱水，药剂加入后搅拌均匀，再加满水喷雾。

（5）严格掌握用水量，每亩用水量 45 千克，用水量少易导致施药不均匀，防效差且易产生药害。

（6）务必均匀施药，避免重喷和漏喷。

（7）选择无风或微风晴天上午施药，避免漂移药害。

（8）喷施过除草剂的喷雾器一定要彻底清洗干净，最好做到专用。

（9）除草剂要妥善保管，应放在儿童触及不到的地方，以免误饮中毒。一旦中毒应及时送医院治疗。

（10）用过的除草剂空瓶子不能随意丢弃于田间地头，应集中起来做垃圾处理。

二、多年生阔叶杂草

1. 草害名称　胡麻田多年生阔叶杂草主要包括：苣荬菜、蒙山莴苣、刺儿菜、大刺儿菜、打碗花、田旋花、篱打碗花、藤长苗、巴天酸模、齿果酸模、苜蓿、草木樨、车前、艾蒿等。

2. 发生时期　胡麻田草害发生一般贯穿于整个生育期。

3. 防治要点

（1）选用除草剂：24％刺碗灵水剂（国家胡麻产业技术体系草害防控岗位复配）。

（2）用药量：40～50 毫升/亩。

（3）用水量：45 千克/亩。

（4）施药时期：多年生阔叶杂草全部出苗后至苗期均可施用。

（5）施药方法：茎叶均匀喷雾，避免重喷和漏喷。尽量压低喷头或加防护罩，采用定向喷雾，勿将药液喷在胡麻生长点上。

4. 注意事项

（1）除草剂具有专一性，本技术要点推荐的除草剂只能用于防除胡麻田多年生杂草。

（2）除草剂对剂量要求十分严格，地块面积和用药量一定要准确，不得随意增减用药量。

（3）合理配药：喷雾器中先加半箱水，药剂加入后搅拌均匀，再加满水喷雾。

（4）严格掌握用水量：每亩用水量 45 千克，用水量少易导致施药不均匀，防效差且易产生药害。

（5）选择无风或微风晴天上午施药，避免漂移药害。施药后 6 小时内若遇中至大雨应重喷。

（6）喷施过除草剂的喷雾器一定要彻底清洗干净，最好做到专用。

（7）除草剂要妥善保管，应放在儿童触及不到的地方，以免误饮中毒。一旦中毒应及时送医院治疗。

（8）用过的除草剂空瓶子不能随意丢弃于田间地头，应集中起来做垃圾处理。

第三章　胡麻生产配套机械

第一节　胡麻播种机械

一、胡麻免耕覆盖施肥播种机

1. 主要性能　胡麻免耕覆盖施肥播种机作业时，拖拉机的动力经传动轴直接传入播种机的中间变速箱，并带动左右刀轴作旋切运转，当刀具与地面接触时，前部的旋耕刀将部分秸秆或根茬切断后入土作带状旋松，紧随其后的播种、施肥开沟器在开沟的同时，将秸秆及根茬推送到播种、施肥位置的两侧。后部的限深镇压轮，靠自身质量与地面摩擦转动，经链条传动机构带动排种和排肥机构实施排种、排肥。排下的种子和化肥分别经输种、输肥管进入开沟器，依次落入已开出的沟槽内，镇压轮随即将沟槽内松土压实，完成免耕覆盖施肥播种作业。

2. 技术特点

（1）两用排种器的调整。排种器为胡麻、玉米两用排种器，采用外槽轮式半精量排种器。工作槽轮靠种轴上的弹性圆柱销带动，非工作槽轮做阻塞轮被排种器上的锁销锁定。

播种胡麻（油菜）时，弹性圆柱销在胡麻槽轮内，锁销锁定玉米槽轮。

（2）播种深度与施肥深度、旋耕深度和秸秆覆盖率的整体调整。胡麻免耕覆盖施肥播种时，种子播种深度为 3～5 厘米，墒情较差时相应加深 1 厘米，化肥播深一般为 8～10 厘米，当种子与化肥深度差调整合理后，如果需要增加旋耕深度、播种深度、施肥深度和提高秸秆覆盖率，可将镇压轮总成两端的限位螺栓向上调，每调 1 个螺孔，其深度相应增加 1 厘米，秸秆覆盖率也随之提高。

（3）种子与化肥深度差的调整。种子、化肥之间的深度差一般应控制在 4～5 厘米。种子与化肥深度差的调整，是靠移动开沟器上下位置来完成的，调整时旋松开沟器上部固定螺栓，将播种或施肥开沟器分别向上或向下移动，测量下端距地面的高度差，直至达到理想高度差止，然后再将固定螺栓旋紧。

（4）胡麻播种前的调整。

①排种器的检查调整：为提高胡麻播种质量，确保各行播量一致，播种前要对各排种器的排种槽轮进行检查，在正常情况下，排种前排种槽轮的端面应与排种盒内壁处于同一平面内，调整播量手轮的端面应处于刻度线"0"的位置，若排种槽轮伸出的有效长度长短不一，各行播量大小不同时，应进行调整。

方法：旋松排种槽轮两端的卡片，左右移动排种轮至所需位置，并使卡片紧靠排种轮外部的端面，调好后旋紧固定螺栓。

②胡麻播种量的调整：胡麻播种量因品种和地理环境不同而异，为便于胡麻播种量的调整，免耕覆盖施肥播种机上设有调整播量手轮和刻度线，刻度线上的数字表示播量，外端面与刻度线相交位置即表示所下播量，调整完毕后应旋紧手轮上的固定螺栓；若播量与刻度线不符，应以排种槽轮伸出的有效长度为准，排种槽轮伸出排种腔 1 厘米表示播量 1 千克。

当排种槽轮伸出的有效长度一样而播量误差仍很大时，需调整毛刷位置，毛刷向上移动播量增加；反之减少。为确保播种量精确，机具调好后要进行播量试验：种箱内加入种子，将机具升离地面，在输种管下垫一块塑料布或在接种盒下套一塑料袋，然后在镇压轮上做好记号，用手转动镇压轮，2BMSF-10/5 型胡麻免耕覆盖施肥播种机转动 25 圈，然后将塑料布（袋）上的种子收集起来，称质量后再乘以 10，即是亩播种量。

如果播量偏大或偏小，可适当加大或减少播量；浸种、拌种应将种子晾干再播，否则会严重影响播种量或播种的稳定性和均匀性。

3. 适宜区域　干旱半干旱山区、平原和丘陵区域较为适宜。

4. 注意事项　牢记免耕覆盖施肥播种机播量刻度线上的数字，单位为千克而不是市斤。免耕施肥播种时播幅与播幅之间的垄距要保持一致,太宽时浪费土地容易造成减产,过窄时容易将土翻入已播的垄沟内,覆土过厚,影响胡麻出苗和分蘖。免耕覆盖施肥播种机的排种、排肥作业靠镇压轮传递动力,因此播种作业时镇压轮必须着地转动,否则免耕覆盖施肥播种机即不排种又不排肥。播种作业前,要将排种槽轮和排肥槽轮两端的固定卡片旋紧,否则在播种作业时,排种轮和排肥轮会左右移动,自动减少或增加排种量和排肥量。

二、胡麻精播机

1. 主要性能 手把能高低、长短调节,适用于每一个人。耪锄板经过高温渗碳处理,不需再加工。化肥斗支架有前后 3 个螺丝固定,方便拆卸,不使用时可以卸掉,以防碰坏。独创的分离设计。播种施肥可双行、单行、前后使用,耪地施肥可同时进行。调节手柄,施肥量 5～50 千克可调。更换耧心,可以直播各种农作物。施肥播种、耙地时,设有压土轮,不用抬,省力方便。

2. 技术特点

(1)简单合理的支撑。在使用单行播种、施肥、单铧耪地时,支撑下放,整机能够水平放置。方便添加种子、化肥。实现一人操作。

(2)点播原种,直播毛籽,一次成功,每小时 1～1.5 亩。

(3)更换耧芯或机芯,可以精播棉花、玉米、花生、大豆、向日葵。调整手柄播种量大小随意可调。

3. 适宜区域 干旱半干旱山区、梯田以及各种中小面积区域较为适宜。

4. 注意事项 机械操作需要提前培训,安全使用,有关机械障碍可及时联系厂家。

第二节 胡麻联合收获机械

一、主要性能

1. 启动与停止 联合收获机收割胡麻应以低前进速度入地头,

但开始收割前发动机一定要达到正常作业转速，使脱粒机全速运转。自走式联合收获机，进入地头前应选好作业挡位，且使无级变速降到最低转速，需增加前进速度时，尽量通过无级变速实现，而避免更换挡位。收割到地头时，应缓慢升起割台，降低前进速度后拐弯，但不应减小油门，以免造成脱粒滚筒堵塞。

2. 调整 自走式联合收获机在收获过程中要随时根据胡麻产量、干湿程度、自然高度及倒伏情况等对脱粒间隙、拨禾轮的前后位置和高度等部位进行相应的调整。

3. 选择大油门作业 联合收获机作业时应以发挥最大效能为原则，在收获时应始终大油门作业，不允许以减小油门来降低前进速度，因为这样会降低滚筒转速，造成作业质量降低，甚至胡麻纤维缠绕堵塞滚筒。

4. 干燥作物的收获 当胡麻已经成熟，过了适宜收获期，收获时易掉粒，应将拨禾轮转速适当调低，以防拨禾轮板击打蒴果造成掉粒损失，同时降低作业速度；也可安排在早晨或傍晚收割。

5. 倒伏胡麻的收获 收获横向倒伏的胡麻时，只要将拨禾轮适当降低即可，但一般应在倒伏方向的另一侧收割，以保证胡麻分离彻底，喂入顺利，减少损失；纵向倒伏作物的收获，应逆倒伏方向作业，但逆向收获需空车返回，严重降低作业效率。当作物倒伏不是很严重时应双向来回收获，逆向收获时应将拨禾轮板齿调整到向前倾斜15°～30°的位置，且拨禾轮降低和向后；顺向收获时应将拨禾轮的板齿调整到向后倾斜15°～30°的位置，且拨禾轮升高和向前。

二、技术特点

（1）胡麻联合收获机适用于同品种且成熟度一致的收获。因为只有品种相同，胡麻成熟才均匀。

（2）根据胡麻生物学特性，在同一棵胡麻的主茎和分枝上，蒴果成熟具有不均匀性。因此，联合收获机收获胡麻一般选在成熟末期。

三、适宜区域

联合收获机一般适用于面积较大且地势比较平坦的地块的胡麻收获。

四、注意事项

1. 注意人身安全　收获机在作业过程中，非操作人员不得靠近，以免发生人身伤亡事故。

2. 注意做好班次保养和维修。　每天作业结束后都要检查刹车、转向的可靠性，对变形或损坏的部件应及时修复或更换。检修、清理割台和秸秆粉碎装置底部时，油缸升起后必须把油缸安全卡放下，或用其他物品垫牢；机器运转中，不得用手触动机器及各工作部件，若需排除堵塞或其他故障时，应先停车再排除。

3. 注意做好防火工作　车上应备有两个可靠的灭火器，不许在收获地块内加油、吸烟，加油时应关闭发动机，并切断电源总开关；工作中电瓶上不得放置工具和物品，停放车辆应远离高压线。

第七篇 蓖 麻

第一章 蓖麻高产栽培技术

第一节 北方蓖麻高产栽培技术

一、技术概述

蓖麻根系发达，有粗大的直根和 3～7 条较大的侧根，直根入土深达 2～4 米，侧根平展可达 1.5～2 米。对土壤的适应能力较强，一般土壤只要排水良好均能生长；对前茬作物要求不严格；杂交蓖麻对栽培技术要求简单：在旱薄地上栽培即可获得较高的经济效益，在可耕地上从事旱作栽培则可大幅度提高产量和效益。

二、技术要点

1. 品种选择 北方适合选择生育期相对较短的品种，一般选择主穗成熟期在 100～130 天。目前推广的主要品种是淄博市农业科学研究院选育的淄蓖麻系列杂交种、通辽市农业科学院选育的通蓖系列杂交种、山西省农业科学院经济作物研究所选育的晋蓖系列杂交种。

2. 地膜覆盖 地膜覆盖是一项既增加产量，又节约投资（人工除草、浇水等）的有效措施。一可以提高早春地温，从而使生育期延长 15 天左右；二可以保持土壤湿度；三可以防止杂草滋生，节省人工。覆盖地膜每亩只需投资 20～30 元，远远低于除草、浇水的费用。在水浇条件差的地区及旱作栽培条件下，地膜覆盖是一项尤为重要的技术措施。

覆膜方法：地膜覆盖蓖麻栽培一般采取先覆膜后播种的方法。地膜覆盖采用覆膜机具平地覆膜，经覆膜机械压膜后即可形成畦背与垄沟。春季多雨地区可采用起垄覆膜的方法种植，有利于排水防渍涝。

3. 播种　蓖麻播种时间鲁中地区 3 月下旬至 4 月上旬为宜；东北及内蒙古产区 4 月中下旬为宜。鲁中地区行距 100～120 厘米，株距 70～80 厘米，每亩 700～900 株；东北及内蒙古产区行距 100～120 厘米（可隔垄种植），株距 60 厘米，每亩 900～1 000 株。肥地宜稀，旱薄地宜密。每穴播 2～3 粒种子，覆土深度为 4～5 厘米。为确保一次播种苗全，应足墒播种，墒情不足时挖穴浇水播种。另外，在无霜期较短的地区，采用营养钵育苗移栽，可延长生育期，进而大幅度提高产量。

4. 查苗、补苗、定苗　蓖麻在幼苗期（3 片真叶前）移栽容易成活，发现缺苗要及时移栽补苗。定苗于 3～4 片真叶时进行，每穴留 1 株。定苗太晚会形成弱苗，影响产量。

5. 施肥　在土壤肥力较差的地片，施肥可大幅度提高产量。底肥一般每亩施氮（N）、磷（P_2O_5）、钾（K_2O）各 3～5 千克，农家肥 1 000～2 000 千克。追肥在第一主穗现蕾期，每亩施氮（N）、磷（P_2O_5）、钾（K_2O）各 1.5～2 千克。在土壤肥力较好的地片，可根据植株长势适量施肥。

6. 植物生长调节剂的应用　在肥力较好的地片常发生植株徒长，使营养生长和生殖生长出现不平衡现象，严重影响产量。容易徒长的地片，可于植株长到 50～70 厘米时施用多效唑进行控制，效果非常理想。

7. 采收　在东北、西北及华北北部地区可一次性收获。采收后及时晾晒、脱粒，水分降至 9% 以下时即可装袋出售。

三、注意事项

春播露地栽培播种时一般土温和气温均较低，尤其是在黄河流域以北的蓖麻区，播种时经常遭遇阴雨天气，导致土壤低温高湿，应注意抢晴天适墒播种，保证出苗质量。

四、适宜区域

黄河流域及以北的蓖麻主栽区。

第二节 蓖麻地膜覆盖高产栽培技术

一、技术概述

地膜覆盖是蓖麻高产、高效栽培的一项有效措施，其主要作用有：提高早春地温，能够使蓖麻的生育期延长 10～15 天；保持土壤湿度，这在旱作栽培中尤为重要；可以有效地抑制杂草滋生；减轻苗期病虫害的发生；提高产量，增加效益。

二、技术要点

1. 覆膜

（1）覆膜时间：春季地温稳定在 5℃以上时即可覆膜，或在适宜播种的日期提前 10～15 天覆膜，在通辽地区一般以 4 月中下旬为宜。

（2）地膜规格：一般以一膜双行覆盖，采用幅宽 100～110 厘米的超薄型聚乙烯膜或低压聚乙烯高密膜，垄宽 90 厘米，膜上行距和垄沟为 60 厘米。由于地膜覆盖后地温可提高 5～8℃，促进了蓖麻的生长和发育，因此，地膜覆盖田的株距应相应加大。

（3）覆膜方法：地膜覆盖蓖麻栽培一般采取先覆膜后播种的方法，也可采用蓖麻覆膜播种机进行覆膜播种。采用覆膜机具平地覆膜，经覆膜机械压膜后即可形成畦背与垄沟。

2. 播种

（1）播种时间：地膜覆盖蓖麻栽培的播种时间比不覆膜的晚播

5～7 天，避免因播种早、地温较高而提前出苗，遭遇晚霜受冻死苗。

（2）播种方法：按照规定株距，在地膜两侧靠边 15 厘米处用小铁铲划破地膜 5～10 厘米，深 2～3 厘米，播 2～3 粒种子，然后用铁铲铲细土将种子盖严、播种膜口封严，此法免去了出苗时的放苗、压土等工序，有利于蓖麻出苗，也避免蓖麻出苗后放苗不及时而在膜里被灼烧致死。

3. 田间管理

（1）合理施肥：施足底肥、重视种肥、适时追肥。一般以 1 500～2 000 千克/亩优质农家肥做底肥，15 千克磷酸二铵加 2.5 千克尿素或 15～20 千克复合肥做种肥，10～15 千克尿素做追肥。追肥时肥距植株根部 10 厘米以上，并深施 10 厘米，切忌离根部太近。

（2）查苗补苗：蓖麻出苗后应及时查苗补种，3～4 片真叶时一次定苗，杜绝留双株苗。早中耕，从出苗到开花中耕除草 2～3 次，深度为 10～15 厘米。

（3）及时浇水：出现旱象及时浇青，要浇丰产水，杜绝浇救命水。

（4）整枝：及时进行整枝打权，整枝可分 2 次进行，第一次是在主茎现蕾后，留 2～3 个粗壮的分枝作为一级分枝，去掉其余的分枝；第二次在初霜前 40 天左右，把各个分枝生长点全部打掉，以防养分无效消耗，使养分集中向果穗供应，促其灌浆成熟，增加千粒重。

三、注意事项

地膜覆盖栽培不便于中耕除草，为了较好地防除杂草，覆膜前应喷洒除草剂。喷洒除草剂时土壤墒情一定要好，这样才能在土壤表面形成一层药膜层，喷后忌破坏药膜层。喷药与覆膜应结合进行，边喷药边覆膜。

第三节 蓖麻机械化栽培管理技术

一、技术概述

随着我国农村劳动力优势的减小和老龄化加剧，劳动力成本越来越高，严重制约了蓖麻规模化种植和经济效益的提高。淄博市农业科学研究院经多年试验，通过减少蓖麻栽培管理环节、简化农艺管理技术、机械化作业等手段基本实现蓖麻机械化栽培。可以降低劳动强度，减少用工成本，提高蓖麻生产效益。

二、技术要点

1. 品种选择 蓖麻品种在生育期、抗病性、耐旱性、抗倒性等方面存在较大的差异，各蓖麻种植区在无霜期、降水量、生产管理水平、土地肥力状况等方面也不尽相同。因此，蓖麻品种选择要综合考虑品种特点和种植区生态条件两方面因素，要选择品种特性和种植区生态条件相匹配的品种，以充分利用种植区的光、热资源。根据我国蓖麻种植区生态条件和生产条件，蓖麻种植适合机械化栽培的主要为以下两大区域。

无霜期较短的早熟区：该区域无霜期相对较短，活动积温偏低。通过密植，能充分利用蓖麻生长季节和土地资源，使蓖麻成穗主要集中在低位果枝，并且能充分利用最佳开花授粉期，确保高产。该区域主要包括辽宁、吉林北部、内蒙古东北、黑龙江西部等地区，适合选择相对早熟的淄蓖麻5号、通蓖6号等品种。

相对干旱的中熟区：该区域相对干旱，降水量一般在300～500毫米，无霜期适中，一般在140～180天。该区域主要包括新疆、陕西、山西、河北西部、宁夏、内蒙古西部、甘肃等地区，可以选择抗性好生育期较长的品种，如淄蓖麻8号、汾蓖10号等中熟品种。

2. 整地施肥 机械犁地一遍，旋耕两遍，土壤肥力较差的地片，旋耕前根据土壤肥力状况确定施肥量，底肥一般每亩施氮

（N）、磷（P_2O_5）、钾（K_2O）各 3～5 千克，农家肥 1 000～2 000 千克。在土壤肥力较好的地片，可根据植株长势适量施肥。旋耕后喷施除草剂，可以有效防除农田杂草。每亩用 48% 氟乐灵乳油 100～150 毫升，对水 35 千克，均匀喷布土表，随即用旋转锄混土 1～3 厘米，在北方春播种区，施药后 5～7 天播种。

3. 覆膜扶垄

（1）地膜覆盖：无霜期短及干旱地区适合采用地膜覆盖种植。蓖麻属于无限生长作物，生长发育及产量受后期温度制约，因此早发早熟是蓖麻高产的关键。应围绕促进蓖麻早发早熟进行栽培管理。地膜覆盖具有的增温、保墒、促肥作用能保证蓖麻早发、全苗和壮苗。地膜覆盖技术可以加速蓖麻生长发育进程，使现蕾期、开花期提早，有利于促进蓖麻植株干物质积累。覆膜时先用 2BP-2 型覆膜播种一体机，按设置好的行距覆膜，膜面每隔 3～4 米用土镇压，防止进风揭膜，以保证覆膜质量。

（2）起垄防倒：蓖麻枝叶茂盛，植株高大，易遭风灾，发生倒伏。起垄种植的方式可以提高前期地温，有利于排水，改善土壤通气条件，增强植株根系的呼吸作用，达到固根护根的目的。使用中耕扶垄机机械扶垄，作业效率高，省时省工，即能稳固植株有效防止倒伏，还能起到中耕除草的作用。遇干旱，可利用垄沟灌溉。扶垄时间一般在株高 40 厘米时进行，垄高度以不压苗为原则。

4. 机械播种　播种遵循肥地宜稀、旱薄地宜密的原则，采用 2BP-2 型覆膜播种一体机，覆膜、打穴播种、膜上覆土，实现联合作业。一般播深 3～5 厘米，800～900 株/亩，行距以收割机配套行距为宜，一般 50～60 厘米，播量为 750 克/亩。

5. 杂草控制　我国蓖麻田杂草种类主要有马唐、牛筋草、稗草、狗尾草、苋菜、藜、铁苋菜、马齿苋、千金子、鳢肠、苘麻等。可根据蓖麻田杂草分布情况和发生规律确定除草时期和除草剂种类。

（1）播前土壤处理：地膜的增温保湿作用非常有利于杂草的萌发出苗，地膜覆盖蓖麻田杂草具有出苗快、出苗时间短、出苗集中的特点，一般覆膜后 5～7 天杂草就陆续出土，15 天左右达到萌发高峰。根据杂草种类一般选用氟乐灵、乙草胺或异丙甲草胺等除草剂，对一年生阔叶和禾本科杂草有较好的防效，持效期可达 60 天左右。

（2）播后苗前除草：蓖麻出苗前要对覆膜种植的膜间区域和不覆膜种植的地块进行土壤封闭除草，可选用的药剂有氟乐灵、乙草胺或异丙甲草胺等。2BP-2 型覆膜穴播机播种时可同时喷药，能有效保障不漏、不重，效率高，效果好。

（3）苗后除草：苗后主要防除雨季后出土的杂草，特别是田旋花和莎草科等多种恶性杂草。可选用的药剂有草甘膦、百草枯、吡氟禾草灵、吡氟氯禾灵、喹禾灵、烯禾啶等。施药时期应掌握在蓖麻现蕾以后，特别要注意草甘膦和百草枯对蓖麻很不安全，切忌药液触及幼蕾或叶片，以免造成药害。

6. 田间管理和病虫害防治

（1）查苗、补苗、定苗：蓖麻 3 片真叶前移栽容易成活，发现缺苗要及时移栽补苗。于蓖麻 3～4 片真叶时进行定苗，留大去小，留强去弱，每穴留 1 株。及时定苗，有利于壮苗早发。定苗太晚会形成弱苗，影响产量。加强蓖麻苗期管理是促进蓖麻快速发苗达到高产的有效保证。可根据苗情采取适当措施，有条件的地方可以隔行浇一遍，对促进蓖麻快速发苗效果明显。

（2）病虫害防治：蓖麻病害种类较其他作物少，为害程度也较轻，主要发生在南方多雨种植区。其中为害较重的主要是蓖麻枯萎病。防治蓖麻枯萎病主要采用轮作倒茬、土壤消毒、药剂拌种、加强栽培管理等预防性措施。生产实践中常用恶霉灵和福美双混合拌种预防蓖麻枯萎病。一般每 100 千克种子，用 70%恶霉灵可湿性粉剂 400～700 克、50%福美双可湿性粉剂 400～800 克。蓖麻枯萎病发病初期，可用 50%多菌灵可湿性粉剂 500 倍液或 50%甲基硫菌灵可湿性粉剂 1 000 倍液等农药灌根治疗，每 7～10 天灌根 1 次，连灌 3 次，药剂要交替使用。

蓖麻灰霉病主要发生在降水较多的雨季，农业防治主要是通过合理密植，使田间通风透光，降低田间空气湿度，及时排涝，避免病害或减少病害的发生。病害发生初期可使用45%灰霉灵可湿性粉剂500倍液进行叶面喷雾防治。

蓖麻田害虫主要有地老虎、金针虫等地下害虫。为害造成缺苗断垄，可用50%辛硫磷乳油100克加水2～2.5千克与30千克干细土拌匀制作毒饵诱杀，或用40%甲基异柳磷乳油50～75克对水50～75千克，灌根防治。

7. 采收　北方无霜期相对较短，霜后一次性收获，或秋季喷洒落叶剂，待叶片枯萎后收获。种植面积集中的地区可使用新疆中收农牧机械公司研制的自走式蓖麻联合收获机进行机械化采收。

三、注意事项

行距控制在适合机械作业的范围内，以方便机械作业，密度适当加大，通过提高蓖麻前期成穗率，促成高产。机械收获前，落叶剂要喷匀，防止因有绿叶堵塞收割机筛网，造成浪费。

四、适宜区域

黄河流域北部及以北的蓖麻栽培区。

第四节　山地蓖麻高产栽培技术

一、技术概述

蓖麻根系发达，有粗大的直根和3～7条较大的侧根，直根入土深达2～4米，侧根平展可达1.5～2米。对土壤的适应能力较强，在山旱薄地上栽培即可获得较高的经济效益。淄博市农业科学研究院采用淄蓖麻系列杂交种可大幅度提高产量，如管理得当，亩产可达250～300千克。

二、技术要点

1. 地膜覆盖　通过地膜覆盖增加田间保墒能力，节约人工除草、浇水等投入。具体覆膜措施参见本章第二节。

2. 播种

(1) 播种时间。在地温回升到 5℃ 左右时播种，山东一般在 3 月中下旬。

(2) 播种方法。山旱田密度应适当加大，一般行距 90～110 厘米，株距 60～80 厘米，密度 800～1 500 株/亩。每穴播 2～3 粒种子，覆土深度 4～5 厘米。

3. 查苗、补苗、定苗 蓖麻在幼苗期（3 片真叶前）移栽容易成活，发现缺苗要及时移栽补苗。定苗于 3～4 片真叶时进行，每穴留 1 株。定苗太晚会形成弱苗，影响产量。

4. 施肥 山旱田土壤一般比较贫瘠，适量施肥可大幅度提高产量。

(1) 基肥。基肥一般亩施尿素 15 千克、磷酸二铵 10 千克、硫酸钾 7 千克，农家肥 1 000～2 000 千克。

(2) 追肥。山旱田土壤保肥能力一般较差，追肥最好分两次进行。第一次在主穗现蕾期，第二次在主穗成熟时。每次亩施氮磷钾复合肥 10～15 千克。

5. 整枝 蓖麻在山旱田栽培，株型一般比较紧凑，通风透光较好，整枝相对比较简单。一般于第一穗花现蕾前摘心，花下保留 2～3 个一级分枝，其余分枝全部抹除。此后，视植株生长情况，确定二、三、四、五级分枝的留枝量。

6. 采收 果穗上的蒴果 80% 为黄褐色时整穗采收，采收不可过早，以免影响产量及品质。采收后及时晾晒、脱粒，水分降至 9% 以下时即可装袋出售。

三、注意事项

春播露地栽培播种时一般土温和气温均较低，尤其是在长江流域产区，播种时经常遭遇阴雨天气，导致土壤低温高湿，应注意抢晴天适墒播种，保证出苗质量。

四、适宜区域

长江流域与黄河以南蓖麻主栽区。

第五节　蓖麻膜下滴灌高产栽培技术

一、技术概述

膜下滴灌,是在膜下应用滴灌技术,即在滴灌带或滴灌毛管上覆盖一层地膜。这种技术是通过可控管道系统供水,将加压的水经过过滤设施滤清后,和水溶性肥料充分融合,形成肥水溶液,进入输水干管—支管—毛管(铺设在地膜下方的灌溉带),再由毛管上的滴水器一滴一滴地均匀、定时、定量浸润作物根系发育区,供根系吸收。其优点为:灌溉用水最省、肥料利用率提高、增产效果明显、投工费用低。

二、技术要点

1. 选地整地　选择具有铺设膜下滴管条件的地块。整地的质量是关键,直接影响到播种质量、覆膜质量和蓖麻生长。总的要求是:土壤解冻后,在田间持水量降到80%时整地,精细平整,疏松土壤,上虚下实,清除杂草根茬,无坷垃土块,能起到增温保墒防渍的作用。可结合整地施足底肥,为高质量铺膜创造良好的土壤环境。

2. 覆膜播种

(1)覆膜时间。春季地温稳定在5℃以上时即可覆膜,或在适宜播种的日期提前10～15天覆膜,在通辽地区一般以4月中下旬为宜。地膜覆盖蓖麻的播种时间比不覆膜蓖麻晚播5～7天,避免因播种早、地温较高而提前出苗,遭遇晚霜受冻死苗。

(2)地膜规格。一般以一膜双行的办法覆盖,采用幅宽100～110厘米的超薄型聚乙烯膜或低压聚乙烯高密膜,垄宽90厘米,膜上行距和垄沟为60厘米。由于地膜覆盖后地温可提高5～8℃,促进了蓖麻的生长和发育,因此,地膜覆盖的株距应相应加大。

(3)种植密度。通蓖系列蓖麻杂交矮秆品种密度为2 200株/亩,高秆品种为1 600株/亩。

（4）方法。播种方式有膜上播种和膜下播种两种。

膜上播种是先铺膜后播种。种子采用鸭嘴式播种器在膜上打孔，播入土中。这种作业方式优点是可一次完成作业全过程，不用或很少用人工放苗，节省劳动力。

膜下播种是先播种后铺膜。种子播在膜下，出苗后再人工破孔放苗。这种方法能提高铺膜质量，增温保墒效果好，出苗较整齐，但放苗费工，遇高温或放苗不及时会发生烫苗。

3. 田间管理

（1）合理施肥：施足底肥、重视种肥、适时追肥。一般以1 500～2 000千克/亩优质农肥做底肥，15千克磷酸二铵加2.5千克尿素或15～20千克复合肥做种肥，10～15千克尿素做追肥。追肥结合灌溉同时进行。

（2）查苗补苗：蓖麻出苗后及时查苗补种，3～4片真叶时一次定苗，杜绝留双株苗。早中耕，从出苗到开花期中耕除草2～3次，深度10～15厘米。

（3）浇水：出现旱象及时浇青，要浇丰产水，杜绝浇救命水。

（4）整枝：及时进行整枝打杈，整枝可分2次进行，第一次是在主茎现蕾后，留2～3个粗壮的分枝作为一级分枝，去掉其余的分枝；第二次在初霜前40天左右，把各个分枝生长点全部打掉，以防养分无效消耗，使养分集中向果穗供应，促其灌浆成熟，增加千粒重。

三、注意事项

膜上播种孔需盖实，防止跑墒，要经常检查地膜是否严实，发现有破损或土压不实的，要及时用土压严，防止被风吹开，做到保墒保温。采用膜下播种不用购置专用播种机，在原有的播种机上加装铺膜、铺管、一次性施肥、化学除草装置即可，播种后及时检查出苗情况，发现缺苗及时补种或补栽。出苗后应及时放苗，并及时定苗，留健苗、壮苗，防止捂苗、烧苗、烤苗。放苗后用湿土压严培好放苗口，并及时压严地膜两侧，防止被风刮起。

四、适宜区域

我国北方蓖麻主产区，主要包括内蒙古、吉林、黑龙江南部、辽宁、新疆、宁夏、甘肃、陕西等地。

第二章 蓖麻生产防灾 减灾应急技术

第一节 北方春季蓖麻防风沙技术

由于采棉成本逐年增高，棉花市场波动较大，北方近年来蓖麻的种植呈逐年上升的趋势。北方种植的蓖麻品种较少，早期推广的蓖麻品种为常规种，单产在 1 200 千克/公顷上下徘徊。2000 年以后，我国自主育成的晋蓖 2 号和淄蓖麻 5 号相继进入栽培，单产量突破 4 500 千克/公顷，进一步推动了蓖麻产业在北方的发展。尤其淄蓖麻系列杂交种表现大穗、高产、含油率高，商品蓖麻收购时受到榨油厂欢迎，近年来推广迅速。淄蓖麻 8 号通过审定后，使北方的蓖麻单产突破 5 000 千克/公顷成为可能。但北方春季风沙较大，风沙常发展为沙尘暴，大风吹起的细沙粒，常把真叶打碎，严重影响蓖麻的正常生长。新疆伊犁金天元种业科技有限责任公司在新疆生产建设兵团农四师各团开展各种防范措施的试验，总结出一套经济实用的高效防风栽培技术。

1. 整地、起垄 蓖麻种植前将前茬作物秸秆粉碎还田，然后翻耕、耙平，在土壤肥力较差的地片，可根据植株长势适量施肥。然后按 0.8～1.0 米的行距起垄，垄高 30～40 厘米，因春季风向多为偏北风，应东西方向起垄，为防风做好准备。在病害高发区，用 0.1％恶霉灵颗粒剂 2.5～3 千克/亩做土壤处理，或用 95％恶霉灵可湿性粉剂（或 30％恶霉灵 1 000 倍液）3 000～6 000 倍液，做土壤处理，蓖麻种子喷洒药液量为 3 克/米^2，可预防苗期枯萎病、根腐病等多种病害的发生。

2. 播种 蓖麻的播种时间为 4 月下旬至 5 月上旬；播种前用恶霉灵拌种，拌种时，要严格掌握药剂用量，拌后随即晾干，不可闷种，防止出现药害。种子播在垄沟之中，而不是传统播种部位的垄台顶部。这种播种方式，当蓖麻生长高度达到并超过垄台时，已经错过了春季风沙季节，不会造成风沙破叶危害。播种时，行距80～100厘米，株距70～80厘米，900～1 100株/亩。每穴播2～3粒种子，覆土深度为4～5厘米，为确保一次播种苗全，应足墒播种，墒情不足时挖穴浇水播种。

3. 苗期管理 苗期用95%恶霉灵可湿性粉剂（或1 000倍30%恶霉灵）3 000～6 000倍液喷洒，间隔7天再喷1次，不但可预防枯萎病、根腐病等病害的发生，而且可促进秧苗根系发达、植株健壮，增强对低温、霜冻、干旱、涝渍、药害、肥害等多种灾害的抗御能力。

4. 破垄覆土 蓖麻生长至40厘米高时，将原来的垄台破除，土覆在蓖麻生长的行上，至蓖麻基部向上覆土20厘米，覆土要求不得覆盖蓖麻上部叶片。可以加强蓖麻茎基部的稳固性，防止后期遇风倒伏。

第二节　秋季打顶防霜技术

中国北方是蓖麻的主要栽培区，但相对无霜期较短，常常受霜冻危害，受冻的籽粒酸价升高，进而使榨油成本增高，榨油厂不愿收购，影响农民收益。

应急措施：

1. 打顶促熟 无霜期短的种植区，可以适当加大密度，争取提高前期产量达到高产的目的。生长后期，可以采取打顶促熟防霜冻。方法是：早霜到来前30天，将已经坐果成穗尚未成熟的新果穗顶部用果树整枝剪剪除顶部1/4，留下3/4，使最后一个月蓖麻合成的营养物质集中供应果穗底部的3/4，使后期成穗的果穗在早霜到来之前快速成熟，可有效防止因冻害造成整体商品品质下降。

2. 熏烟防霜 早霜初期，霜冻较轻，可以采用秸秆、树叶、杂草等作燃料熏烟防霜。当气温降到作物受害的临界温度（1～2℃）时，选在上风向点火，慢慢熏烧，使地面笼罩一层烟雾，降低辐射冷却，提高近地面的温度1～2℃。田间熏烟堆要布置均匀，火堆宜密集摆放，以利于烟雾控制整个田面。

3. 综合措施 合理安排播种期，以避过霜冻防夜晚伤苗；选用开花灌浆早的早熟品种；加强苗期管理，使蓖麻快速度过苗期，进入花期，促进早熟，争取在霜冻之前成熟。

第三节 涝 害

蓖麻耐旱，耐盐碱，耐瘠薄，但是不耐涝。尤其苗期受涝，土壤透气性差，易造成根系死亡，进而植株枯萎。而且过涝还容易诱发蓖麻枯萎病的发生。

应急措施：

1. 选地 选择土壤透气性好的地势高燥地片或坡地种植，防止雨季积水导致发生涝害。

2. 设置排水沟 在蓖麻田块下坡地头开深40厘米、宽50厘米的排水沟，将雨水及时排出，防止涝害。

3. 农艺措施 深耕，增加土壤蓄水空间；顺坡种植，植株长至40～50厘米时，顺坡起垄，利用垄沟及时排除雨水，防止田间积水，结合起垄加挂深松尺，深松35厘米，打破犁底层，使雨水快速渗到犁底层下方。在土壤较黏重的地片，可以结合深松加挂"鼠道器"，在犁底层下顺坡开"鼠道"加强排水性能。

第四节 主要病害

1. 蓖麻枯萎病

（1）症状及危害。蓖麻枯萎病由镰孢菌或竹赤霉菌引起。镰孢菌感染的特征为幼株发病，叶片萎蔫，根部、维管束变褐、萎缩，以后整株枯死，叶片不脱落。成株期发病植株生长缓慢，叶片变成黄绿色并萎蔫，后整株凋萎枯死；竹赤霉菌感染则为害蓖麻引起基腐。在蓖麻苗期染病后，茎基部病处缢缩变褐，叶片垂萎、青枯。在高温、高湿的条件下，病菌借助土壤、流水进行传播，从植株根部及害虫造成的伤口处侵入，逐渐向上蔓延扩展。在高温高湿、地势低洼、排水不良、土壤黏重或连作的条件下，发病严重。

（2）农业防治。在重病区实行与非寄主植物进行轮作，一般为3～4年；若水旱轮作，防效较好。蓖麻枯萎病的发生与蓖麻品种的抗病性关系密切，选用抗病品种是控制此病最经济有效的方法。若种子带菌，播种前应进行种子消毒。加强栽培管理，注意清沟排水，感病地块进行土壤消毒。

（3）化学防治。用50％多菌灵可湿性粉剂或50％福美双可湿性粉剂拌种。选用农用链霉素200万单位40克/亩、农用链霉素1 000万单位15克/亩、70％甲基硫菌灵可湿性粉剂600倍液、50％敌磺钠可湿性粉剂700倍液、70％代森锰锌可湿性粉剂500倍液、75％百菌清可湿性粉剂600倍液、硫酸铜∶石灰∶水（1∶2∶200）的波尔多液灌根，连灌2～3次。

2. 蓖麻灰霉病

（1）症状及危害。主要为害幼花、幼果、嫩茎、叶、果梗等，引起褐色腐烂，病部在空气潮湿时产生灰色霉层。花期最易感病，蒴果染病受害重，残留的柱头或花瓣先被侵染，后向果实扩展，致使果皮呈灰白色，病部在天气潮湿时产生厚厚的灰色霉层。该病在连绵阴雨、结露时间长、湿度大的地区，植株生长过密、枝叶茂盛、徒长等情况下易流行。流行时会成片感染，病果多数脱落，造成严重损失。

（2）农业防治。根据具体情况和品种特性，合理密植。施用以腐熟农家肥为主的基肥，增施磷、钾肥，防止偏施氮肥导致植株徒长而过密，影响通风透光，降低抗性。摘除病果及严重病叶、病枝等，以减少病菌存量。在蓖麻生长期，结合整枝打掉下脚叶，使田间通风透光，减少病害的发生。

（3）化学防治。病害初发时，使用41％聚砹·嘧霉胺水剂

1 000倍液喷施，5～7天用药1次，间隔天数及用药次数根据植株长势和预期病情而定。病害中度发生时，选用50％异菌脲可湿性粉剂800倍液、50％腐霉利可湿性粉剂1 000倍液、50％乙烯菌核利可湿性粉剂800倍液、65％甲霉灵可湿性粉剂600倍液、50％多霉灵可湿性粉剂700倍液、50％敌菌灵可湿性粉剂500倍液喷雾防治，间隔15天，连喷2～4次。

第五节　主要虫害

一、地下害虫

地下害虫主要在蓖麻苗期为害，咬食幼根、嫩茎和刚发芽的种子或吃光地上部叶片，严重时造成大面积缺苗，甚至毁种重播。地下害虫主要有如下几种。

1. 小地老虎

（1）危害特征。小地老虎是一种杂食性害虫，以幼虫为害。一至二龄不分昼夜，集中于植株心叶、嫩叶上，啃食叶肉，致表皮呈天窗状；三龄后昼伏夜出活动，取食叶片致豆粒大小的洞孔或叶边形成缺刻；四龄以后咬食幼苗嫩茎；五至六龄食量剧增，咬断幼根、嫩茎，造成缺苗断垄，严重时造成大面积缺苗，甚至毁种重播。适宜生存温度为15～25℃，地势低湿、雨量充沛的地方，发生较多。白天潜伏于表土的干湿层之间，夜晚出土从地面将幼苗咬断拖入土穴，或咬食未出土的种子，幼苗主茎硬化后改食嫩叶及生长点，一至二龄幼虫昼夜均可群集于幼苗顶心嫩叶处取食为害，三龄后分散，幼虫行动敏捷，有假死习性，对光极为敏感，受到惊扰即蜷缩成团。对黑光灯极为敏感，有强烈的趋化性，喜欢酸、甜、酒味和泡桐叶。

（2）防治要点。小地老虎的防治应根据各地为害时期，因地制宜，采取以农业防治和药剂防治相结合的综合防治措施。

①农业防治：农业防治的方法有以下几种。其一，精耕细作，或在初龄幼虫期铲除杂草，可兼灭部分虫、卵。其二，用糖、醋、

酒诱杀液或甘薯、胡萝卜等发酵液诱杀成虫。其三，用泡桐叶或莴苣叶诱捕幼虫，于每日清晨到田间捕捉。对高龄幼虫也可在清晨到田间检查，如果发现有断苗，拨开附近的土块，进行捕杀。

②化学防治：对不同龄期的幼虫，应采用不同的施药方法。幼虫三龄前喷雾、喷粉或撒毒土进行防治。三龄后，田间出现断苗，可用毒饵或毒草诱杀。防治指标各地不完全相同，百株有虫 2～3 头、为害率达 2%～3%可作为防治参考指标。

药剂喷雾：每亩可选用 2.5%溴氰菊酯乳油或 40%氯氰菊酯乳油 4 000 倍液、20%菊·马乳油 3 000 倍液、10%溴·马乳油 2 000 倍液、90%晶体敌百虫 800 倍液进行喷雾。喷药适期应在幼虫三龄盛发前。

毒土或毒砂：可选用 2.5%溴氰菊酯乳油 90～100 毫升，或 40%甲基异柳磷乳油 500 毫升加水适量，喷拌细土 20～25 千克配成毒土，顺垄撒施于幼苗根际。

毒饵或毒草：一般虫龄较大时可采用毒饵诱杀。每亩可选用 90%晶体敌百虫 0.5 千克，加水 2.5～5 千克，喷在 50 千克碾碎炒香的棉籽饼或豆饼、麦麸上，于傍晚在受害作物田间每隔一定距离撒一小堆，或在作物根际围施。

2. 蛴螬

（1）危害特征。一般 1 年 1 代，或 2～3 年 1 代，成虫交配后 10～15 天产卵，产在松软湿润的土壤内，每头雌虫可产卵 100 粒左右。蛴螬共 3 龄。一、二龄期较短，第三龄期最长。喜食刚播种的种子、根，咬食幼苗嫩茎，危害很大。

（2）防治要点

①土壤处理：在播种或移栽前进土壤处理，亩用 10%二嗪磷颗粒剂 500 克，与 15～30 千克细土混匀后撒于床土上、播种沟或移栽穴内，待播种或移栽后覆土。也可亩用 2.5%敌百虫粉剂 2～2.5 千克，或 50%辛硫磷乳油 150 克拌适量细土施用。

②灌根：在蛴螬发生较重的田块，用 50%辛硫磷乳油 1 000 倍液，或 80%敌百虫可湿性粉剂 800 倍液灌根，每株灌 150～250 毫

升，可杀死根际附近的幼虫。

③撒毒土：6月中旬成虫盛发期，每亩用50%辛硫磷乳油250克对20～25千克干细土撒施，并浅锄入土内，可有效毒杀成虫，减少田间卵量。7月中下旬幼虫孵化盛期每亩用50%辛硫磷乳油250克，对干细土20～25千克，拌匀撒施，结合中耕锄入土中，防治幼虫有较好的效果。

3. 蝼蛄

（1）危害特征。蝼蛄以成虫及幼虫越冬，第二年3～4月开始活动，春秋两季为害严重。昼伏夜出，具趋光性、趋湿性和趋肥性，主要以成虫、幼虫为害蓖麻的根部或靠近地面的幼茎。

（2）防治要点。50%辛硫磷乳油100毫升/亩，或40%甲基异柳磷500毫升/亩、90%敌百虫粉剂100克/亩穴施或拌种；50%二嗪农乳油500毫升/亩拌种；4.5%甲敌粉1.5千克/亩穴施。50%辛硫磷乳油或90%晶体敌百虫1 000倍液喷雾或用2.5%敌百虫粉剂2.5千克/亩喷粉。

二、蓖麻尺蠖

（1）危害特征。包括鳞翅目尺蠖蛾科幼虫和夜蛾科中部分步曲夜蛾幼虫。它们均以幼虫啃食为害蓖麻叶，将叶片吃成零乱的缺刻或孔洞，严重时吃尽叶片，仅残留叶脉。此外，它们受惊时即吐丝下垂，还为害花蕾及幼果。尺蠖寄主多，可寄生蓖麻、杨、柳、桑、茶、苜蓿及果树等多种植物。

（2）防治要点。蓖麻尺蠖的天敌以茶尺蠖绒茧蜂、斜纹猫蛛、病毒、拟青霉及鸟类等常有相当控制能力。另外，可结合秋冬深耕施基肥，将表土中的虫蛹深埋施肥沟底。化学防治：幼虫三龄前对农药敏感，四龄后抗药性显著增强，因此防治关键在幼虫三龄以前。所以，在幼虫三龄前，用40%敌百虫原药1 500倍液或20%氰戊菊酯乳油3 000～5 000倍液、40%乙酰甲胺磷乳油1 000倍液、10%吡虫啉可湿性粉剂2 500倍液、5%氟啶脲乳油2 000倍液或高氯·甲维盐（总有效成分含量：4.2%，高效氯氰菊酯含量为

4%、甲氨基阿维菌素苯甲酸盐含量为 0.2%)乳油 60～70 毫升/亩喷雾防治，隔 20 天防治一次共防 1～2 次。

三、夜蛾科害虫

（1）危害特征。主要包括飞扬阿夜蛾、棉铃虫、斜纹夜蛾、甘蓝夜蛾、连纹夜蛾等。飞扬阿夜蛾幼虫为害蓖麻叶，严重时吃成光秆。棉铃虫孵化幼虫食卵壳后，在蓖麻上主要蛀食蒴果，也取食蕾、花、叶片和钻蛀嫩枝；食害嫩叶成缺刻或孔洞；蛀食蒴果，蛀孔大，粪便堆积蛀孔外。在条件适宜时，能造成严重危害。斜纹夜蛾幼虫食性杂，孵化后群栖，幼龄时取食叶背面，形成窗斑，能吐丝随风转移，但遇惊扰四处爬散或吐丝下垂或假死落地，二龄后分散取食，三龄后多隐藏在荫蔽处，四龄后为暴食期，食叶后仅剩叶脉。甘蓝夜蛾初孵幼虫群集叶背啃食叶肉，留下表皮，三龄后分散为害，五至六龄食量增加，使叶片成孔洞或仅留叶脉，且隐藏在寄主附近，夜间盗食。连纹夜蛾取食叶片成孔洞或仅留叶脉。

（2）防治要点。药剂防治在幼虫三龄以前进行，于卵孵化至二龄期防效好。高氯·甲维盐（总有效成分含量：4.2%，高效氯氰菊酯含量为 4%、甲氨基阿维菌素苯甲酸盐含量为 0.2%）乳油 60～70 毫升/亩，或 4.5%氯氰菊酯乳油 2 000 倍液、40%乙酰甲胺磷乳油 1 000 倍液、80%敌敌畏乳油 1 000 倍液、10%吡虫啉可湿性粉剂 1 500 倍液、2.5%联苯菊酯乳油 3 000 倍液、5%氟虫脲乳油 2 000～2 500 倍液、5.7%百树菊酯乳油 4 000 倍液、2.5%氯氟氰菊酯乳油 3 000 倍液、25%灭幼脲 3 号悬浮剂 500 倍液、5%氟啶脲乳油 2 000 倍液、20%氰戊菊酯乳油 2 000～2 500 倍液、50%辛硫磷乳油 1 000 倍液、2.5%溴氰菊酯乳油 2 000 倍液，喷雾防治。

四、扁刺蛾

（1）危害特征。取食叶片成孔洞、缺刻。9 月下旬老熟幼虫在寄主附近浅土结茧越冬。成虫卵单产于叶背，昼伏枝叶荫蔽处，黄昏后活动。

（2）防治要点。4.5％氯氰菊酯乳油 2 000 倍液或 5.7％百树菊酯乳油 4 000 倍液、2.5％氯氟氰菊酯乳油 3 000 倍液、10％吡虫啉可湿性粉剂 2 000 倍液、40％敌百虫原药 1 500 倍液、20％氰戊菊酯乳油 3 000 倍液、5％氟啶脲乳油 2 000 倍液、2.5％溴氰菊酯乳油 2 000 倍液、2.5％联苯菊酯乳油 3 000 倍液、20％氯·马乳油 2 000～3 000 倍液，喷雾防治。

五、蓖麻潜叶蝇

（1）危害特征。幼虫潜入叶片组织内取食叶肉，仅留上下表皮，初出现黄白色小点，继续为害造成黄白色或枯死的虫道（两层白色的膜），虫道前端有时有小黑点，撕开膜可见幼虫。

（2）防治要点。90％晶体敌百虫 1.125 千克/公顷或 50％马拉硫磷乳油 1 125 毫升/公顷、25％亚胺硫磷 1 125 毫升/公顷加水 450 千克；或 4.5％高效氯氰菊酯乳油 600～900 克/公顷加水 450 千克，或 50％杀螟松乳油 1 125 毫升/公顷加水 450 千克，喷雾防治。

第六节　草害防控

一、技术概述

随着农村经济结构的调整和农村劳动力的转移，像蓖麻栽培这种劳动密集型的产业受到严重的制约，轻简化生产技术迫在眉睫。蓖麻生产首先要解决除草问题，在蓖麻生产上，对杂草的治理应遵循"预防为主，综合防治，环境友好"的植保方针进行综合治理。化学除草已经成为我国农民当今最依赖的主要的除草技术，故应构建以化学防除为主体，配合其他管理措施如物理防治、农业防治和生态防治的农田杂草综合治理技术体系；同时注意杂草的可利用研究。

二、技术要点

1. 新开垦地　新开垦地种植蓖麻，种前可先烧荒，之后每亩用41％草甘膦异丙胺盐水剂200毫升，对水30～40升，均匀喷雾于杂草叶面上，可防除单子叶和双子叶、一年生和多年生、草本和灌木等多科难除杂草，如：白茅、芦苇、香附子、狗尾草、马唐、千金子、藜、牛筋草、苋等。

2. 蓖麻播后芽前　蓖麻播后芽前，用48％甲草胺乳油400毫升/亩，或用50％乙草胺乳油80～100毫升/亩，在蓖麻播种后加水50千克/亩均匀喷雾土表，进行土壤封闭除草，土壤表面干旱时应加大水量，若土壤湿润或播后有灌溉条件，可在播后1～3天进行土壤喷雾处理；地膜覆盖蓖麻地用50％乙草胺乳油100毫升/亩，在播种后对水喷洒药剂，而后覆膜，除草效果好。

3. 蓖麻生长期　蓖麻生长期，当蓖麻高度达50～60厘米时，针对一年生禾本科和阔叶杂草，如：稗草、马唐、牛筋草、千金子、狗尾草、画眉草、凹头苋、反枝苋、藜、小藜、马齿苋、牛繁缕等，可使用20％百草枯水剂200毫升/亩，或20％乙氧氟草醚乳油40～60毫升/亩，对水40千克定向或保护性喷雾防除杂草。蓖麻生长期除草喷雾时喷雾器喷头应加安全保护罩，切忌雾滴接触蓖麻叶片和嫩茎，以免引起药害。

三、适宜区域

我国北方蓖麻主产区，主要包括：内蒙古、吉林、黑龙江省南部、辽宁、新疆、宁夏、甘肃、陕西等地。

第三章 蓖麻生产配套机械

第一节 蓖麻气吸播种机

一、主要性能

外形尺寸(长×宽×高)：2 200毫米×1 940毫米×1 870毫米，配套动力(HP)：55～80马力，工作行数：2行，行距：40～70厘米，种箱容积：32升×2（个），最大装种量：45千克，肥箱容积：135升×2（个），最大装肥量尿素：360千克，最大装肥量硝酸铵：437千克，开沟器形式：缺口圆盘，播种深度调节范围：0～70毫米，施肥深度调节范围：0～100毫米，排种器形式：负压吸种，精密播种，排肥器形式：外槽式，地轮外直径：740毫米，工作效率：0.7～1.2公顷/小时（行距为60厘米时），覆土镇压形式：V型镇压轮，整机重量：766千克。

二、技术特点

气吸式播种器工作时由高速风机产生负压，传给排种单体的真空室。排种盘回转时，在真空室负压作用下吸附种子，并随排种盘一起转动。当种子转出真空室后，不再承受负压，就靠自重或在刮种器作用下落在沟内。气吸式播种器主要影响因素有真空度、吸孔形状、种子尺寸及刮种器的构造和调整。

三、适宜区域

新疆、内蒙古、黑龙江、吉林等连片种植区，土壤相对疏松、透气性好、不板结的地块。

四、注意事项

选择吸气孔适合蓖麻的播种器，控制好株距。

第二节　2BJQM-2 型节水精量 全膜覆盖播种机

一、主要性能

外形尺寸（长×宽×高）：2 450 毫米×1 200 毫米×1 250 毫米，配套动力：20.8 千瓦，适应膜宽：1 200 毫米，播种深度：40～60 毫米，作业行数：2 行，作业行距：400 毫米，排种形式：鸭嘴式精量排种器，工作效率：4～8 亩/小时，结构质量：500 千克，连接形式：三点后悬挂。

二、技术特点

一是保墒增温作用显著；二是促进植株发育，花期提前，利于授粉，降低秃尖率；三是提早成熟，防止早霜造成减产。蓖麻全膜覆盖播技术不仅可显著提高地温，而且还带动了普通半膜覆盖、露地栽培的蓖麻播种进程。

三、适宜区域

新疆等西北降水量小、蒸发量大的蓖麻种植区。

四、注意事项

土地需要耕细整平，以提高地膜覆盖质量。

第三节　SGTN-160Z4A2 型节水覆膜旋播机

一、主要性能

外形尺寸（长×宽×高）：1 950 毫米×2 000 毫米×950 毫米，配套动力：58.8～88.8 千瓦，适应膜宽：800～950 毫米（可调），播种深度：30～50 毫米（可调），作业行数及行距：4 行，230～280 毫米，穴距：130～260 毫米（可调），排种形式：鸭嘴式排种器，工作效率：8～12亩/小时，作业速度：低2～4挡作业，连接形式：三点后悬挂（可配旋播）。

二、技术特点

节水覆膜旋播机主要由符合农艺要求的旋耕机及铺膜播种机连接组合而成。可单体作业也可联合作业，单体作业主要是直接挂接于拖拉机上，在耕整的土地上作业。联合作业通过动力输出轴带动刀轴旋耕，由后覆膜播种机完成起垄、施肥、蓄水、播种、覆土、镇压、覆膜、膜上镇压土等。它可以提高耕作层土壤的温度，改善耕作层的微气候状况，使土壤的水分、养分和近地层的微气候状况，向有利于作物生育的方向转化，从而人为地控制蓖麻的生长，减少水分蒸发，消除由于无霜期短、春季干旱、低温等不利因素对蓖麻的影响，使蓖麻提前成熟，改进品质，提高产量，减少劳动强度，提高工作效率，确保农业的增产增收。

三、适宜区域

新疆等西北降水量小、蒸发量大的蓖麻种植区。

四、注意事项

注意控制播量，出苗后及时放苗。

第四节　蓖麻培土中耕一体机

一、主要性能

外形尺寸(长×宽×高)：1 250毫米×1 800毫米×550毫米，配套动力：9～13千瓦，作业行数及行距：1行，1 000～1 250毫米，工作效率：2～3亩/小时，作业速度：低2～3挡作业，连接形式：三点后悬挂。

二、技术特点

中耕：松动表层土壤，一般结合除草，在降雨、灌溉后以及土壤板结时进行。田间栽培大苗可采用中耕锄草,既起到松土和除草的作用,又避免使用除草剂对环境造成污染。是蓖麻生育期中在株行间进行的表土耕作。中耕可疏松表土、增加土壤通气性、提高地温,促进好气微生物活动和养分有效化、去除杂草、促使根系伸展、调节土壤水分状况。

培土:可以防止倒伏。

三、适宜区域

黄淮流域、华北地区等土壤相对比较黏重、降水量较多、土壤容易板结、偶尔受台风影响的蓖麻种植区域。

四、注意事项

在苗高 30~50 厘米时培土效果最好。

第五节 YH-2 型蓖麻脱壳机

一、主要性能

整机重量:150 千克,配套功率:3~4 千瓦电动机或柴油机,外形尺寸(长×宽×高):960 毫米×800 毫米×1 300 毫米,风机最高风速(出风口):3 米/秒,风机最大排风量:0.15 米³/秒,生产量(净籽):500~800 千克/小时,蓖麻籽脱净率:98%,破损率:0.5%~2%。

二、技术特点

效率相对较高,可以运到田间用柴油机带动,适合种植大户使用。

三、适宜区域

新疆、内蒙古、黑龙江、吉林等连片种植地区。

四、注意事项

蓖麻脱粒前确保水分下降至 9％，否则容易出现脱壳障碍。

第六节 TL-1 型蓖麻脱壳机

一、主要性能

机器重量：85 千克，配套功率：1.2～2 千瓦电动机，外形尺寸（长×宽×高）：1 200 毫米×600 毫米×1 100 毫米，脱粒速度：200 千克/小时，脱净率：98％～99％，破损率：0.5％～1.5％。

二、技术特点

运输方便，使用环境宽松，脱粒效果好，但效率相对较低，适合散户使用。

三、适宜区域

黄淮流域、华北地区等区域。

四、注意事项

蓖麻脱粒前确保水分下降至 9％，否则容易出现脱壳障碍。

第七节 蓖麻联合收割机

一、主要性能

工作效率：15～30 亩/小时，作业速度：3～4 挡作业。

二、技术特点

直走收获，收获效率高，作业速度快，省人工，适合大面积种植区域缩短收获周期，降低收获风险。

三、适宜区域

新疆、内蒙古、黑龙江、吉林等连片种植区。

四、注意事项

（1）适当加大种植密度，便于集中成熟，集中收获。

（2）如果收获时已有重霜冻、蓖麻已经落叶，则可以在天气晴朗的情况下直接收获。

（3）如果收获时叶子还很旺，收获前需要进行落叶处理。

托普云农
——致力于中国农业信息化的发展

浙江托普云农科技股份有限公司是一家致力于中国农业信息发展的国家高新技术企业，创新地将物联网、云计算等信息技术运用于农业领域，助推我国农业现代化发展。公司以先进的感知检测产品、前沿的云计算运用、领先的物联网技术和系统集成为核心，为种植业（大田、连栋温室大棚）、水产养殖、畜牧养殖及食品安全溯源等领域提供标准、个性化的物联网解决方案。

公司潜心十年，倾注于农业这一土壤，立足农业物联网关键技术研发，通过应用示范，探索农业物联网的产业化应用。如今已在全国各地实施了近400家农业物联网示范基地，拥有（顶层设计-方案制定-实施应用-技术支撑）全套服务的丰富经验，是国内农业物联网领域拥有核心技术和丰富经验的先行者。

公司迄今已荣获国家发明专利5项，国家实用新型专利40项、产品软件著作权60余项、软件产品登记书18项，拥有大量完全自主知识产权的技术和产品，已被认定为杭州市院士工作站。

与时俱进，开拓创新，浙江托普云农科技股份有限公司必将在农业物联网领域产生更大作为，为我国"智慧农业"作出更大的贡献！

科技创新　十一年积淀

浙江托普云农科技股份有限公司
Zhejiang Top Cloud-agri Technology Co.,Ltd.

浙江托普云农有限公司简介

浙江托普云农有限公司是一家致力于中国农业信息化发展的国家高新技术企业，创新地将物联网、云计算等信息技术运用在了农业领域，助推我国农业现代化发展。目前已构建起涵盖农业、气象、水利、农产品检测、农产品质量追溯等领域的先进农业信息化产品体系及农业物联网标准解决方案，是国内首家集技术研发、生产销售、实施应用于一体的行业标杆企业单位。

经过十年耕耘，托普云农现已成为国内首屈一指的农业信息化行业领军企业之一。公司以"产学研政用"模式为基础，构建农业领域面向土壤、农业气象、种子、植物生理、植物保护、粮油食品等农业生态和食品领域精准农业仪器装备及农业全程信息化体系建设（苗情，墒情，虫情，灾情），成为涵盖农业、林业、气象、农产品检测的"大农业"全领域信息化仪器解决方案提供商。

公司迄今已荣获国家发明专利 5 项，国家实用新型专利 40 项、产品软件著作权 60 余项、软件产品登记书 18 项，拥有大量完全自主知识产权的技术和产品，已被认定为杭州市院士工作站。

公司已通过 IS09001：2008 质量管理体系认证、ISO14001：2004 环境管理体系认证和 OHSAS18001：2007 职业健康安全管理体系认证，并始终坚持以"质量第一、诚信至上、服务为本"的经营理念，可为客户提供全程方案咨询、产品选型、专业采购、专业培训、售后服务等"一站式"专业服务。

如今，公司正在加速推进建设基于三大基地（全国现代农业仪器研发基地、托普物联网产业基地、智慧农业示范基地）十二大中心（全国农业技术推广培训中心、智慧农业电子商务中心）的战略愿景规划。

在致力于推动现代农业信息化的道路上，托普将以产品前沿、理念前瞻、使命卓越的定位助推我国现代农业信息化产业发展，为中国未来的"智慧农业"做出卓越贡献！

图书在版编目（CIP）数据

油料作物规模化生产技术指南/全国农业技术推广
服务中心编著．—北京：中国农业出版社，2016.7
ISBN 978-7-109-21659-4

Ⅰ．①油…　Ⅱ．①全…　Ⅲ．①油料作物－栽培技术－
指南　Ⅳ．①S565-62

中国版本图书馆 CIP 数据核字（2016）第 100572 号

中国农业出版社出版
（北京市朝阳区麦子店街 18 号楼）
（邮政编码 100125）
责任编辑　张洪光　阎莎莎

————————

中国农业出版社印刷厂印刷　　新华书店北京发行所发行
2016 年 7 月第 1 版　　2016 年 7 月北京第 1 次印刷

————————

开本：880mm×1230mm 1/32　印张：7.375
字数：195 千字
定价：30.00 元
（凡本版图书出现印刷、装订错误，请向出版社发行部调换）